绿色高产高效创建平台数据库
开发与应用手册

农业部种植业管理司
全国农业技术推广服务中心　编著

中国农业出版社

编辑委员会

绿 色 高 产 高 效 创 建 平 台 数 据 库 开 发 与 应 用 手 册

前 言

　　2015年，农业部种植业管理司和全国农业技术推广服务中心合作编著了《高产创建数据库开发与应用手册》，为各地高产创建和绿色增产模式攻关参与人员快速、准确掌握高产创建综合信息服务平台使用方法，提高平台使用效率和应用效果，确保有关数据及时反馈、发布与管理提供了保障，取得了良好效果。

　　2016年，在推进供给侧结构性改革的主旋律下，高产创建与绿色增产模式攻关项目升级为绿色高产高效创建。内涵更加丰富，即不仅追求高产，还追求效益的提升，更体现绿色内涵。围绕"三创"，创新思路，将绿色发展理念贯穿于粮棉油糖生产的全过程，以县为单元整建制推进，辐射带动区域性绿色高产高效；创立模式，开展绿色增产模式攻关，突破制约粮食生产的资源瓶颈、技术瓶颈和效益瓶颈，集成组装节种节水节肥节药技术模式；创响品牌，做大做响绿色高产高效创建品牌，打造成农业部门展示新技术新成果的重要平台和基层农技人员施展才华的重要舞台，着力示范引领种植业提质增效和转型升级。配合项目升级，高产创建综合信息服务平台也全面改版，填报内容更加多样，表单设计更加丰富，信息交流更加便捷，并新增绩效考核板块，助力项目管理。

　　为保障绿色高产高效创建各参与单位快速掌握新版平台，及时组织填写，准确报送有关数据、文件，我们组织编写了《绿色高产高效创建平台数据库开发与应用手册》一书。该手册面向省、市、县各级农业管理部门和农技推广机构所有类型用户，以图文并茂的形式，全面阐述了新版平台功能，直观介绍了系统使用方法和操作步骤，力求达到帮助各级用户在较短的时间内熟练掌握和使用系统的目的。由于水平有限，加之经验不足，本书内容难免存在疏漏，如在使用中发现问题，请及时反馈，以便修订完善，帮助广大用户用好新版平台，以最大限度地发挥新版平台的作用。

本书所用图片内容均为示例图片，图内数据与项目实际执行情况无关。

编　者

2016年12月

目　录

前言

第1部分　系统开发与建设 ·· 1

  1　开发背景 ·· 3

  2　系统概述 ·· 3

  3　运行环境 ·· 3

  4　功能简介 ·· 3

第2部分　系统功能与使用指南 ··· 5

  5　国家级用户 ··· 7

    5.1　首页 ·· 7

    5.2　任务分配 ··· 7

    5.3　数据管理 ··· 8

    5.4　数据统计 ·· 13

    5.5　绩效考核 ·· 16

    5.6　信息交流 ·· 17

    5.7　网页链接 ·· 21

    5.8　操作视频 ·· 22

    5.9　系统设置 ·· 22

    5.10　系统帮助 ·· 23

  6　省级用户 ·· 23

    6.1　首页 ··· 23

    6.2　任务分配 ·· 24

    6.3　数据管理 ·· 25

6.4　数据统计 ……………………………………………… 29

6.5　绩效考核 ……………………………………………… 32

6.6　信息交流 ……………………………………………… 35

6.7　网页链接 ……………………………………………… 41

6.8　操作视频 ……………………………………………… 42

6.9　系统设置 ……………………………………………… 43

6.10　系统帮助 ……………………………………………… 43

7　市级用户 …………………………………………………… 44

7.1　首页 …………………………………………………… 44

7.2　数据管理 ……………………………………………… 44

7.3　数据统计 ……………………………………………… 48

7.4　信息交流 ……………………………………………… 51

7.5　网页链接 ……………………………………………… 52

7.6　操作视频 ……………………………………………… 53

7.7　系统设置 ……………………………………………… 54

7.8　系统帮助 ……………………………………………… 54

8　县级用户 …………………………………………………… 54

8.1　首页 …………………………………………………… 54

8.2　数据填报 ……………………………………………… 55

8.3　数据统计 ……………………………………………… 59

8.4　信息交流 ……………………………………………… 62

8.5　网页链接 ……………………………………………… 66

8.6　操作视频 ……………………………………………… 67

8.7　系统设置 ……………………………………………… 68

8.8　系统帮助 ……………………………………………… 68

第3部分　附录 ………………………………………………… 69

9　首次登录前设置 …………………………………………… 71

10　技术支持与相关信息 ……………………………………… 71

第1部分
系统开发与建设

1　开发背景

绿色高产高效创建工作覆盖面广、涉及的业务管理部门数量多，所需处理的信息数据复杂，传统管理手段难以满足工作需要。为有效提高绿色高产高效创建任务落实、测产数据报送、创建成效分析等数据处理效率，强化工作部署、方案催报、技术意见发布、数据调查开展、典型经验挖掘、绩效管理推进等，需要综合运用现代化信息技术，实现标准化数据管理、实时信息交流。

2　系统概述

绿色高产高效创建平台是基于IE浏览器上的应用系统。系统依托最前沿的软件开发架构平台，快速搭建一套高效、安全、开放的综合信息服务平台，解决客户在工作中和管理上遇到的棘手问题，按照客户的需求提供服务，实现灵活快速部署，满足各级业务职能部门对数据填报和统计的要求，实现信息采集规范化、传输网络化、管理自动化，提高农情调度的及时性、准确性和系统性，为对上农业宏观决策、对下引导产业结构、对内提高办公效率、对外搞好信息发布提供优质信息服务。平台网址：http：//202.127.42.199/Login.aspx。

3　运行环境

绿色高产高效创建平台是基于B/S架构的应用系统。用户在服务器端需要Windows Server 2008作为服务器的操作系统，客户端使用主流的Web页面浏览器IE8.0以上版本进行操作。若使用其他非主流的Web页面浏览器，存在不可预知的因素，可能会影响用户的正常操作。

4　功能简介

绿色高产高效创建平台是基于国家、省（自治区、直辖市）、市（地）、县（市）多级用户的管理信息系统，并且各级用户的权限不同所使用的功能也不同，具体功能有8项，见表1。

表1　绿色高产高效创建平台功能

（一）平台首页	（二）任务分配	（三）数据管理	（四）数据统计
信息排行榜	任务管理	上报进度	综合统计
公告通知		项目县基本情况	作物统计
信息交流		项目县创建作物	自定义统计

（五）绩效考核	（六）信息交流	（七）网页链接	（八）帮助
绩效考核	信息交流	农业部官网 （粮棉油糖高产创建专栏）	操作视频
	总结报告		系统设置
			系统帮助

第2部分
系统功能与使用指南

5 国家级用户

5.1 首页

各省信息排行榜　各省信息排行榜显示全国各省级用户上报的信息数量以及被采用的信息数量。

公告通知　公告通知由农业部发布，省级、县级浏览。

信息交流　信息交流显示省级、县级最新上报的典型材料。

图 5-1-1

5.2 任务分配

国家级用户具有查询项目参与单位用户名、密码的权限。

任务分配操作流程

由顶部功能区点击【任务分配】进入栏目。点击左边栏任务中心功能里的【县级管理】进入县级管理界面，在图5-2-1的任务统计表条件栏内设置查询条件，即可进行查看。结果如图5-2-2。

图 5-2-1

序号	地域	登录名	密码	创建时间	
1	山西省/运城市	××××××	××××××	2016/12/20 10:27:11	详情
2	山西省/运城市/临猗县	××××××	××××××	2016/12/20 10:27:11	详情
3	山西省/运城市/万荣县	××××××	××××××	2016/12/20 10:27:11	详情

图 5-2-2

用户可以通过选择查询的年度、省份，点击【查询】即可根据所选择的要求进行筛选查询。

点击【详情】即可对该县级单位用户名、密码进行修改。如图 5-2-3。

县级信息修改	
地域	临猗县
用户名	××××××
密码	××××××
保存　返回	

图 5-2-3

注：项目参与省份由当年项目实施方案等文件确定，具体省级用户的用户名及密码分配，由技术支持单位从后台录入。

5.3 数据管理

用于浏览上报的具体信息、统计各地上报进度，操作数据退回等。

上报进度 列表汇总各省分配的项目县数量和上报数据的省级审核通过情况。

项目县基本情况 查看各地项目县基本情况报表、省级审核情况，并可进行数据退回操作。

项目县创建作物 查看各地项目县创建作物报表、省级审核情况，并可进行数据退回操作。

上报进度操作流程

点击左边栏功能区里的【上报进度】，进入到上报进度界面（图 5-3-1），选择相应年份点击【查询】，查询结果如图 5-3-2。

图 5-3-1

上报进度

序号	区域名称	项目县数量	基本情况省级已通过	基本情况省级未通过	创建作物省级已通过	创建作物省级未通过
1	河北省	0	0	0	0	0
2	山西省	4	1	1	1	1
3	内蒙古自治区	0	0	0	0	0
4	辽宁省	0	0	0	0	0
5	吉林省	0	0	0	0	0
6	黑龙江省	0	0	0	0	0
7	江苏省	0	0	0	0	0
8	浙江省	0	0	0	0	0
9	安徽省	0	0	0	0	0
10	福建省	0	0	0	0	0
11	江西省	0	0	0	0	0
12	山东省	0	0	0	0	0
13	青岛市	0	0	0	0	0
14	河南省	0	0	0	0	0
15	湖北省	0	0	0	0	0
16	湖南省	0	0	0	0	0
17	广东省	0	0	0	0	0
18	广西壮族自治区	0	0	0	0	0
19	海南省	0	0	0	0	0
20	重庆市	0	0	0	0	0
21	四川省	0	0	0	0	0
22	贵州省	0	0	0	0	0
23	云南省	0	0	0	0	0
24	西藏自治区	0	0	0	0	0

图 5-3-2

项目县基本情况操作流程

点击左边栏功能区里的【项目县基本情况】（图5-3-3）进入到基本情况任务表界面（图5-3-4）。

图 5-3-3　　　　　　　　图 5-3-4

用户可以通过选择年度，点击【查询】，对该年度的全国基本情况列表进行查看（图5-3-5）。

基本情况任务表

序号	发布单位	任务名称	任务年度	任务总数	已审核数	
1	河北省	河北省绿色高产高效创建县基本情况表	2016	0	0	详情
2	山西省	山西省绿色高产高效创建县基本情况表	2016	8	7	详情
3	内蒙古自治区	内蒙古自治区绿色高产高效创建县基本情况表	2016	12	1	详情

图 5-3-5

点击【详情】，浏览具体省数据报送、审核情况，结果如图5-3-6。

基本情况任务表

返回						
序号	填报单位	任务名称	任务年度	状态	操作	详情
1	沁源县	沁源县绿色高产高效创建县	2016	已通过	退回重报	详情
2	平鲁区	平鲁区绿色高产高效创建县	2016	已通过	退回重报	详情

图 5-3-6

在图 5-3-6 界面，点击【详情】，查看报表具体信息（图 5-3-7）。

油料面积 (万亩)*	0.2
糖料面积 (万亩)	0.0
县级联系人姓名	
联系方式	
主要作物	马铃薯
面积 (万亩)	5.5
产量 (吨)	60500.0
单产 (公斤/亩)	1100.0
灌溉用水 (方/亩)	0.0
肥料-氮 (折纯，公斤/亩)	13.0
肥料-磷 (折纯，公斤/亩)	5.0
肥料-钾 (折纯，公斤/亩)	2.0
农药 (有效成分100%，克/亩)	15.0
种子 (公斤/亩)	120.0
病虫害统防统治率 (%)	20.0
综合机械化率 (%)	20.0
亩总成本 (元)	800.0
其中：物质与服务费用 (元/亩)	540.0
人工成本 (元/亩)	260.0
亩纯收益 (元)	784.0

返回

图 5-3-7

数据退回

完成数据浏览后，可点击【返回】回到上一级界面（图 5-3-6）。若对报表内信息有异议，或经有关省级用户申请退回的，可点击【退回重报】。系统会再次提示："是否不通过这条数据？"（图 5-3-8），点击【确定】即可将报表退回到县级填报单位。

---

* 亩为非法定计量单位，15亩＝1公顷。全书同。

图5-3-8

状态信息包括：

➤【未填写】：还未填写项目县基本情况报表数据；

➤【已填写】：填写并保存了项目县基本情况报表数据，但未上报；

➤【已上报】：已经将项目县基本情况报表数据上报；

➤【未通过】：项目县基本情况报表数据有误，需要进行修改后再上报。

项目县创建作物操作流程

点击左边栏功能区里的【项目县创建作物】（图5-3-9）进入到创建作物任务表界面（图5-3-10）。

数据管理	创建作物任务表
数据管理	
上报进度	
项目县基本情况	2017 ▼　查询
项目县创建作物	

图5-3-9　　　　　　　　图5-3-10

用户可以通过选择年度，点击【查询】，对该年度的全国项目县创建作物表单列表进行查看（图5-3-11）。

序号	发布单位	任务名称	任务年度	任务总数	已审核数	
1	河北省	河北省绿色高产高效创建县基本情况表	2017	0	0	详情
2	山西省	山西省绿色高产高效创建县基本情况表	2017	0	0	详情
3	内蒙古自治区	内蒙古自治区绿色高产高效创建县基本情况表	2017	0	0	详情
4	辽宁省	辽宁省绿色高产高效创建县基本情况表	2017	0	0	详情
5	吉林省	吉林省绿色高产高效创建县基本情况表	2017	0	0	详情

图5-3-11

点击【详情】，浏览具体省数据报送、审核情况，如图5-3-12。

创建作物任务表

序号	填报单位	任务名称	任务年度	状态	操作	详情
1	诸暨市	诸暨市绿色高产高效创建县	2016	已通过	退回重报	详情
2	衢江区	衢江区绿色高产高效创建县	2016	已通过	退回重报	详情
3	江山市	江山市绿色高产高效创建县	2016	已通过	退回重报	详情
4	温岭市	温岭市绿色高产高效创建县	2016	已通过	退回重报	详情

图5-3-12

在图5-3-12界面，点击【详情】，查看报表具体信息（图5-3-13）。

项 目	创建作物		
总创建面积(万亩)	41.5		
创建作物	单季稻	早稻	晚稻
面积(万亩)	27.4	7.5	6.6
产量(吨)	158930.0	33689.0	32795.0
单产(公斤/亩)	580.0	447.0	495.0
灌溉用水(方/亩)	418.0	384.0	385.0
肥料-氮(折纯，公斤/亩)	12.5	9.6	10.5
肥料-磷(折纯，公斤/亩)	2.9	3.7	2.5
肥料-钾(折纯，公斤/亩)	6.3	4.9	5.4
农药(有效成分100%，克/亩)	165.0	57.0	63.0
种子(公斤/亩)	2.6	4.6	2.8
病虫害统防统治率(%)	46.4	62.3	61.7
综合机械化率(%)	72.1	86.3	85.1
亩总成本(元)	1769.0	1271.0	1416.0
其中：物质与服务费用(元/亩)	1228.0	891.0	985.0
人工成本(元/亩)	541.0	380.0	431.0
亩纯收益(元)	145.0	70.0	168.0
县级联系人姓名			
联系方式			

返回

图5-3-13

数据退回

完成数据浏览后，可通过【返回】回到上一级界面（图5-3-12）。若对报表内信息有异议，或经有关省级用户申请退回的，可点击【退回重报】。系统会再次提示："是否不通过这条数据？"（图5-3-14），点击【确定】即可将报表退回到县级上报单位。

图 5-3-14

状态信息与项目县基本情况同。

5.4　数据统计

用于汇总分析项目数据。数据统计包括综合统计、作物统计和自定义统计。

综合统计

通过系统后台运算，以项目县为主体，展示粮、棉、油、糖面积和其他部分信息。包括对基本情况报表和创建作物报表进行综合统计。

基本情况综合统计操作流程

点击左边栏功能区里综合统计下的【基本情况综合统计】（图5-4-1），进入对基本情况报表综合统计的界面（图5-4-2）。

用户可以通过选择年度、地域、作物类型、作物等条件进行设置（图5-4-2），点击【查询】即可根据所选择的条件进行查询。查询结果如图5-4-3。

图 5-4-1

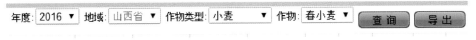

图 5-4-2

数据统计														
序号	地域	年度	全县耕地面积（万亩）	粮食（含大豆）面积（万亩）	棉花面积（万亩）	油料面积（万亩）	糖料面积（万亩）	县级联系人姓名	联系方式	主要作物	面积（万亩）	产量（万吨）	单产（公斤/亩）	灌溉用水（方/亩）	肥料氮（折纯公斤/亩）
1	山西省/运城市/临猗县	2016	1.0	1.0	1.0	1.0	1.0		1	春小麦	1.0	1.0	1.0	1.0	1.0

图 5-4-3

系统设置了Excel导出功能，支持Excel导出，点击【导出】，设置好保存路径，保存文件。

创建作物统计操作流程

点击左边栏功能区里综合统计下的【创建作物统计】（图5-4-4）进入对创建作物报表综合统计的界面（图5-4-5）。

用户可以通过选择年度、地域、作物类型、作物等条件进行设置（图5-4-5），点击【查询】即可根据所选择的条件进行查询。查询结果如图5-4-6。

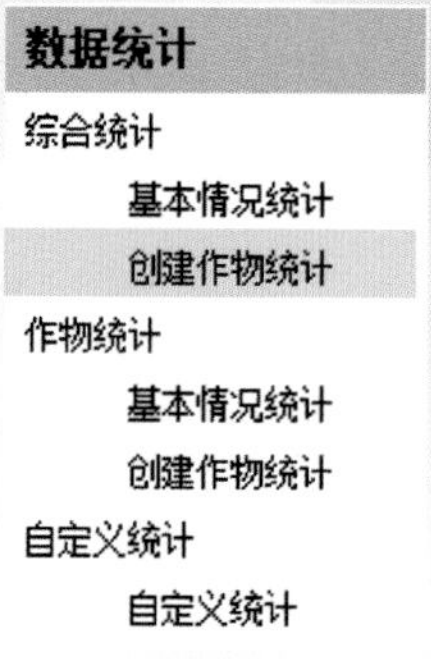

数据统计

综合统计
  基本情况统计
  创建作物统计
作物统计
  基本情况统计
  创建作物统计
自定义统计
  自定义统计

图5-4-4

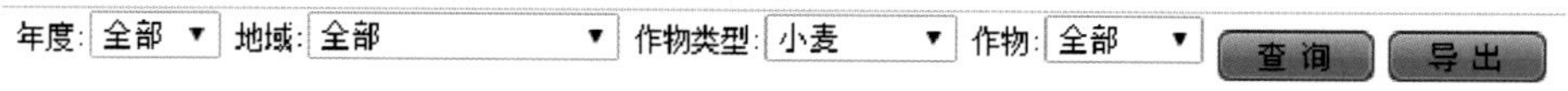

图5-4-5

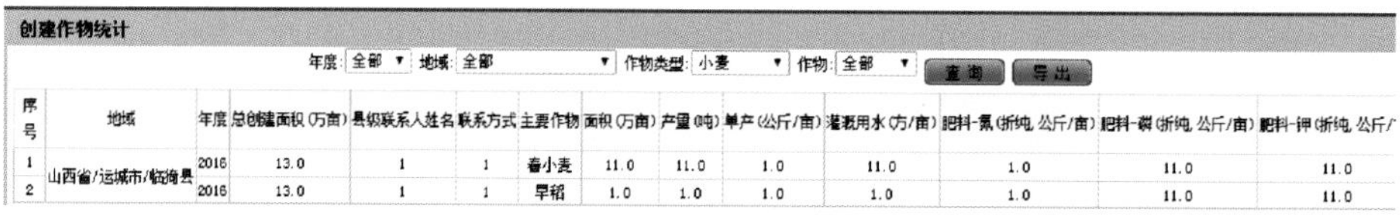

图5-4-6

系统设置了Excel导出功能，支持Excel导出，点击【导出】，设置好保存路径，保存文件。

作物统计

通过系统后台运算，以具体作物为主体，展示全辖区不同年度面积、总产、单产等，以及其他部分信息。包括对基本情况报表和创建作物报表进行作物统计。

基本情况统计操作流程

点击左边栏功能区里作物统计下的【基本情况统计】（图5-4-7），进入对基本情况报表作物统计的界面（图5-4-8）。

用户可以通过选择年度条件进行设置（图5-4-8），点击【查询】即可根据所选择的年度进行查询。查询结果如图5-4-9。

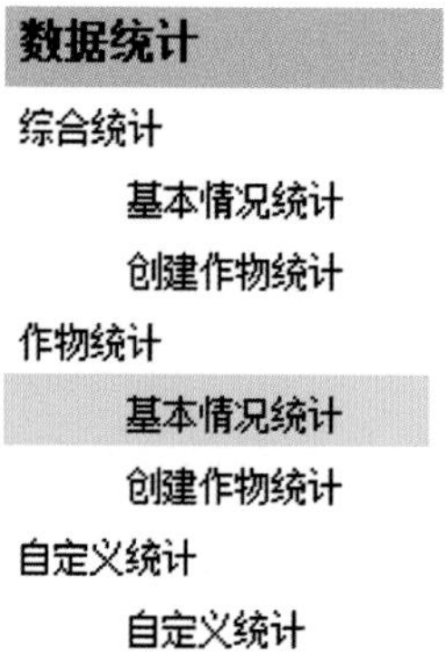

数据统计

综合统计
  基本情况统计
  创建作物统计
作物统计
  基本情况统计
  创建作物统计
自定义统计
  自定义统计

图5-4-7

图5-4-8

序号	主要作物	年度	面积(万亩)	产量(吨)	单产(公斤/亩)	灌溉用水(方/亩)	肥料-氮(折纯,公斤/亩)	肥料-磷(折纯,公斤/亩)	肥料-钾(折纯,公斤/亩)	农药(有效成分100%,克/亩)
1	春小麦	2016	1.0	1.0	0.1	1	1	1	1	1
2	马铃薯	2016	1.0	1.0	0.1	1	1	1	1	1

基本情况统计　年度: 2017 ▼　查询　导出

图5-4-9

系统设置了Excel导出功能，支持Excel导出，点击【导出】，设置好保存路径，保存文件。

创建作物统计操作流程

点击左边栏功能区里作物统计下的【创建作物统计】（图5-4-10），进入对创建作物报表作物统计的界面（图5-4-11）。

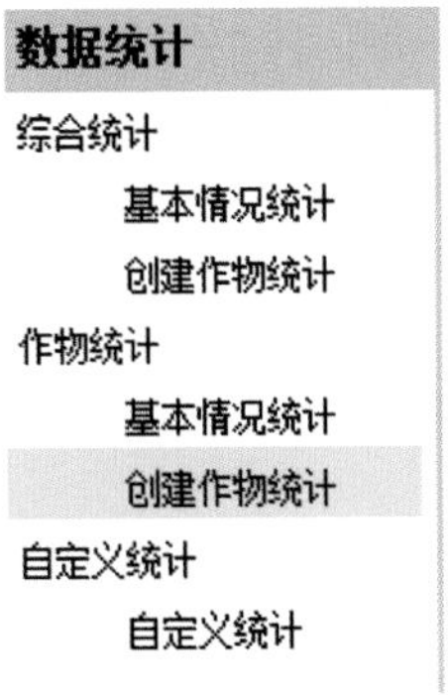

图5-4-11

数据统计

综合统计
　　基本情况统计
　　创建作物统计
作物统计
　　基本情况统计
　　创建作物统计
自定义统计
　　自定义统计

图5-4-10

用户可以通过选择年度条件进行设置（图5-4-11），点击【查询】即可根据所选择的年度进行查询。查询结果如图5-4-12。

序号	主要作物	年度	面积(万亩)	产量(吨)	单产(公斤/亩)	灌溉用水(方/亩)	肥料-氮(折纯,公斤/亩)	肥料-磷(折纯,公斤/亩)	肥料-钾(折纯,公斤/亩)	农药(有效成分100%,克/亩)
1	春小麦	2016	11.0	11.0	0.1	11	11	11	11	1
2	早稻	2016	1.0	1.0	0.1	1	11	11	11	1

创建作物统计　年度: 2016 ▼　查询　导出

图5-4-12

系统设置了Excel导出功能，支持Excel导出，点击【导出】，设置好保存路径，保存文件。

自定义统计

为方便用户进行个性化的统计分析，系统提供自定义统计功能。该功能可实现灵活设置查询条件、过滤条件，对数据进行汇总、计数、明细查看等操作。

自定义统计操作流程

点击数据统计左边栏功能区里的【自定义统计】（图5-4-10）进入自定义统计界面（图5-4-13）。按需求选择年度、地域、任务、作物等，点击【查询】进行统计分析。

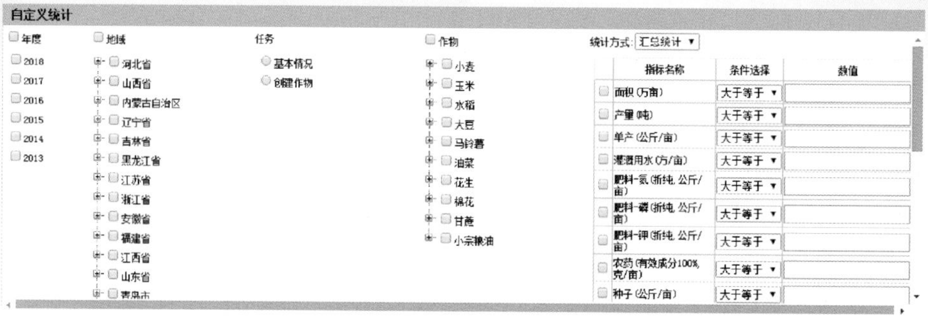

图 5-4-13

自定义统计支持多选、条件筛选等，统计方式分为汇总统计、明细统计、计数统计等。其中汇总统计指根据所选项进行后台运算的统计结果，明细统计指根据所选项详细列出全部有关数据，计数统计仅显示根据所选项全部符合要求的结果个数。

5.5 绩效考核

为辅助项目绩效管理，设置绩效考核功能，供各地上传相关电子佐证材料，降低行政成本。

绩效考核操作流程

从顶部功能区点击【绩效考核】进入绩效考核栏目（图5-5-1）。点击左边栏绩效管理内的【绩效考核】进入绩效考核列表界面，结果如图5-5-2。

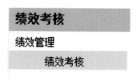

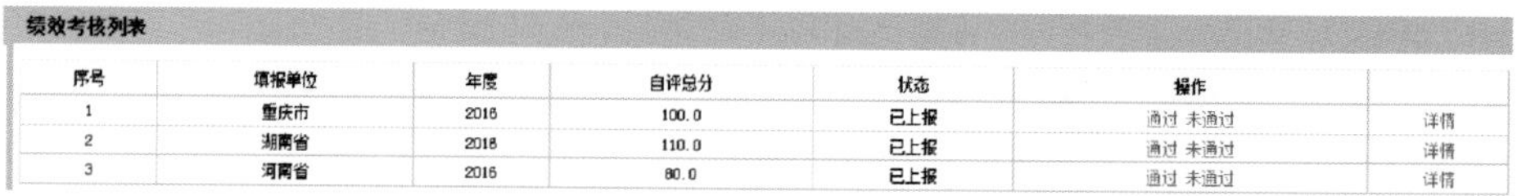

图 5-5-1

序号	填报单位	年度	自评总分	状态	操作	
1	重庆市	2016	100.0	已上报	通过 未通过	详情
2	湖南省	2016	110.0	已上报	通过 未通过	详情
3	河南省	2016	80.0	已上报	通过 未通过	详情

图 5-5-2

点击【详情】即可对该填报单位上报数据进行查看（图5-5-3），国家级用户也可以点击【通过】或【不通过】对填报单位上报数据进行审核。如图5-5-2。

考核项目	考核内容	具体内容及评分标准	自评	
			分数	评分描述
一、组织管理 (15分)	1、组织领导 (10分)	成立绿色高产高效创建工作领导小组得5分，否则不得分	5.0	按照要求下发正式文件
		成立绿色高产高效创建专家指导组，得5分，否则不得分	5.0	按照要求下发正式文件
	2、方案制定 (5分)	制定并及时报送项目实施方案，得5分，否则不得分	5.0	按照要求按时报送和下发
二、项目实施 (45分)	1.标识标牌 (10分)	建立统一规范的项目标牌，得10分，否则不得分	10.0	按照要求树立标牌
	2.技术指导 (30分)	每个创建作物生长期内，组织专家巡回指导不少于2次，每次不少于10人，得10分，否则不得分	10.0	各作物生育期内不少于两次
		每个创建作物制定发布省级技术指导意见或方案，得10分，否则不得分	10.0	按照要求下发了技术方案
		召开1次省级现场观摩或培训活动，得10分，否则不得分	10.0	各作物分别开展了一次以上
	3.监督管理 (5分)	设立资金使用台账，能完善工作档案，得5分，否则不得分	5.0	及时下拨了资金到县及
三、信息宣传 (20分)	1.信息报送 (10分)	从项目方案下发月起，每月2月报送1期工作简报，得10分，否则不得分	10.0	印发了5期简报
	2.典型宣传 (10分)	在中央媒体宣传报道本省绿色高产高效创建成效，得10分；在省级媒体宣传报道本省绿色高产高效创建成效，得5分（两项不累加）	10.0	多次接受中央电视台、农民
四、总结验收 (20分)	1.测产验收 (10分)	按时完成测产验收、及时报送测产数据，得10分，否则不得分	10.0	按照要求开展了测产验收并
	2.项目总结 (10分)	按时上报全年项目实施总结，质量符合要求，得10分，否则不得分	10.0	按时报送项目总结
五、奖惩措施	1.加分因素 (15分)	省部级以上领导肯定批示，加5分	0.0	
		在中央电视台新闻联播、焦点访谈栏目中正面宣传报道，加5分	0.0	
		省级报送工作简报符合要求，数量位居前5名的，加5分	0.0	
	2.扣分因素 (不设限)	出现资金使用违规，被群众举报，媒体曝光并查实的，每出现1次扣5分	0.0	
		纪检、监察、审计等部门检查出违纪违法行为的，每查处1起扣10分	0.0	

图5-5-3

5.6　信息交流

信息交流用于发布、浏览通知，交流典型案例，总结备案等。包括信息交流和总结报告两个功能区。

信息交流　包括公告通知，省级典型材料上报。

总结报告　包括查询、浏览省级半年总结、省级全年总结。

信息交流

公告通知

用于编辑发布公告通知，具体操作为：点击信息交流功能里的【公告通知】（图5-6-1）进入通知公告编辑界面，首先选择相应年份，点击【新增】，进入信息编辑界面，如图5-6-2，依次输入各个数据项后点击【保存】。

点击顶部功能区【首页】，即可回到平台首页，查看发布的信息（图5-6-3）。

信息交流

信息交流

　公告通知

　省级典型上报

总结报告

　省级半年总结上报

　省级全年总结上报

图5-6-1

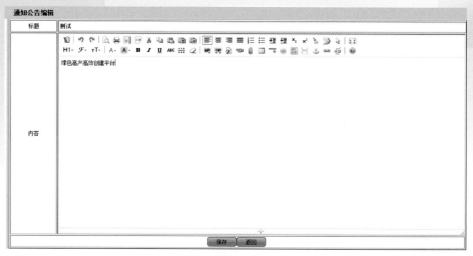

图 5-6-2

图 5-6-3

省级典型上报

用于浏览省级上报的典型案例，具体操作：点击信息交流功能里的【省级典型上报】（图5-6-4），进入省级典型材料管理界面。

信息交流

信息交流

公告通知

省级典型上报

总结报告

省级半年总结上报

省级全年总结上报

图 5-6-4

选择不同年份（图5-6-5）切换查看不同年份的省级典型材料数据上报情况（图5-6-6）。

点击【详情】，即可查看省级上报的信息（图5-6-7）。

典型上报

| 2017 ▼ | 查询 |

图5-6-5

典型上报

| 2016 ▼ | 查询 |

序号	标题	上报人	状态	时间	操作	
1	高产创建简报第一期	沁源县	已采用	2016/11/24 10:51:42		详情
2	高产创建简报第二期	沁源县	已采用	2016/11/24 10:53:14		详情
3	高产创建简报第三期	沁源县	已采用	2016/11/24 10:54:22		详情
4	高产创建简报第四期	沁源县	已采用	2016/11/24 10:55:52		详情
5	高产创建工作简报	原平市	已采用	2016/12/5 10:35:30		详情
6	高产创建工作简报	原平市	已采用	2016/12/5 10:36:04		详情
7	高产创建工作简报	原平市	已采用	2016/12/5 10:36:39		详情

共1页　每页15条　总共7条　当前是第1页　　　　首页 上一页 下一页 末页　跳转 1 页 确定

图5-6-6

任务标题	高产创建简报第一期
任务内容	沁源县马铃薯高产创建简　报 第一期 沁源县农业委员会　　　　　　　　　　　2016年8月 沁源县马铃薯高产创建项目实施进展顺利 根据《山西省2016年粮食绿色高产高效创建项目实施方案》精神，结合沁源县马铃薯产业发展现状，全县选取11个乡镇194个行政村实施5万亩马铃薯高产示范片创建，其中核心区高标准示范1.47万亩，推广示范田3.53万亩。该项目采取农机与农艺结合、种粮大户与农民专业合作社结合的方式，实现产量与效益的双重突破。项目全程采用测土配方施肥方法，选用高产、优质、抗病性强的优势种薯，创建目标为平均亩产1320公斤以上，力争续建示范片在保持上年高产水平的上，较项目实施前高产亩产增产12%以上，最终实现辐射带动周边县区均衡增产的总产效益。 　　为确保项目顺利实施，沁源县成立了以县委常委为组长、县农委主任、县财政局局长为副组长的马铃薯高产高效创建项目领导组，县农委与县财政局联合印发了《沁源县2016年马铃薯绿色高产高效创建项目实施方案》，在项目实施的过程中，项目专家指导组将全程提供技术指导，在组织技术培训的同时协助种植农户开展合理施肥、病虫害防治等科学种植知识，全面提升沁源县马铃薯生产技术水平，确保项目高质量完成，实现大面积高产、稳产。 　　目前示范区马铃薯，长势良好，后续的田间管理工作也在相时推进。
附件	选择文件　未选择任何文件　　马铃薯高产创建简报1期.doc

返回

图5-6-7

点击【返回】后进入界面图5-6-8。点击【采用】，即可在首页的信息排行榜体现。

序号	标题	上报人	状态	时间	操作		
1	突出山西粮食特色 做好高产高效创建	山西省	已上报	2016/11/21 10:43:34	采用	不采用	详情
2	山西以河津市为样板统一项目标牌	山西省	已上报	2016/11/25 15:19:39	采用	不采用	详情
3	山西省农业厅扎实做好项目总结工作	山西省	已上报	2016/11/25 15:32:15	采用	不采用	详情
4	山西大力推进粮食绿色高产高效创建	山西省	已上报	2016/12/6 16:55:16	采用	不采用	详情
5	广西粮食绿色高产高效创建工作简报	广西壮族自治区	已采用	2016/12/9 17:43:17			详情
6	全国粮油绿色高产高效技术培训班在成都召开	四川省	已上报	2016/12/11 20:24:01	采用	不采用	详情
7	四川省农业厅与重庆市农委联合检查指导绿县县、泸县粮油绿色高产高效创建工作	四川省	已上报	2016/12/12 20:24:39	采用	不采用	详情
8	农业部粮食绿色高产高效创建项目助推重庆市荞麦产业跨越式发展	重庆市	已上报	2016/12/12 14:31:07	采用	不采用	详情
9	河南省延伸产业链条，积极推动小麦供给侧结构性改革	河南省	已上报	2016/12/12 16:36:36	采用	不采用	详情
10	广汉市实施绿色高产高效创建成效突出	四川省	已上报	2016/12/12 16:45:03	采用	不采用	详情

图5-6-8

总结报告

省级半年总结上报

用于浏览省级半年总结。具体的：点击信息交流功能里的【省级半年总结上报】，进入总结列表界面，如图5-6-9所示。

选择不同年份，切换查看不同年份的省级半年总结数据上报情况，结果如图5-6-10。

图 5-6-9

总结列表

序号	标题	上报人	状态	时间	
1	测试	山西省	已填写	2017/1/4 10:00:40	详情

2017 [查询]

图 5-6-10

点击【详情】，可以查看详细信息，如图5-6-11。

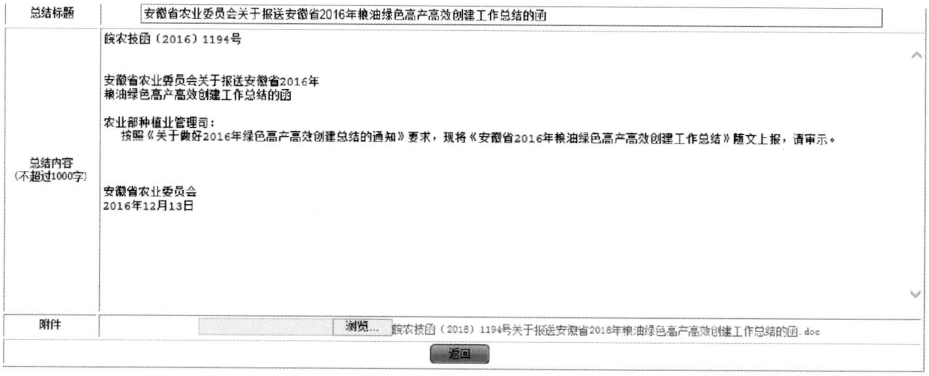

总结标题	安徽省农业委员会关于报送安徽省2016年粮油绿色高产高效创建工作总结的函
总结内容（不超过1000字）	皖农技函（2016）1194号 安徽省农业委员会关于报送安徽省2016年 粮油绿色高产高效创建工作总结的函 农业部种植业管理司： 　　按照《关于做好2016年绿色高产高效创建总结的通知》要求，现将《安徽省2016年粮油绿色高产高效创建工作总结》随文上报，请审示。 安徽省农业委员会 2016年12月13日
附件	[浏览...] 皖农技函（2018）1194号关于报送安徽省2016年粮油绿色高产高效创建工作总结的函.doc

[返回]

图 5-6-11

省级全年总结上报

用于浏览省级全年总结，具体的：点击信息交流功能里的【省级全年总结上报】，进入总结列表界面，如图5-6-12。

选择不同年份，切换查看不同年份的省级全年总结数据上报情况，结果如图5-6-13。

图 5-6-12

序号	标题	上报人	状态	时间	
1	山西省2016年粮食绿色高产高效创建 工作总结	山西省	已上报	2016/12/9 16:25:27	详情
2	2016年广西粮食绿色高产高效创建工作总结	广西壮族自治区	已上报	2016/12/9 17:39:56	详情
3	2016年四川省粮油绿色高产高效创建总结	四川省	已上报	2016/12/12 17:37:00	详情
4	安徽省农业委员会关于报送安徽省2016年粮油绿色高产高效创建工作总结的函	安徽省	已上报	2016/12/15 10:18:29	详情

图 5-6-13

点击【详情】，可以查看详细信息，如图5-6-14。

图5-6-14

5.7　网页链接

在顶部功能区点击【网页链接】，进入农业部网站粮棉油糖高产创建专栏（图5-7-1），可浏览最新工作部署、各地典型经验交流、技术指导意见等。

图5-7-1

5.8　操作视频

在顶部功能区点击【操作视频】，可下载并观看绿色高产高效创建平台详细操作流程（图5-8-1）。

图 5-8-1

5.9　系统设置

系统设置用于修改当前用户名及密码，操作步骤为：在顶部功能区点击【系统设置】，结果如图5-9-1。

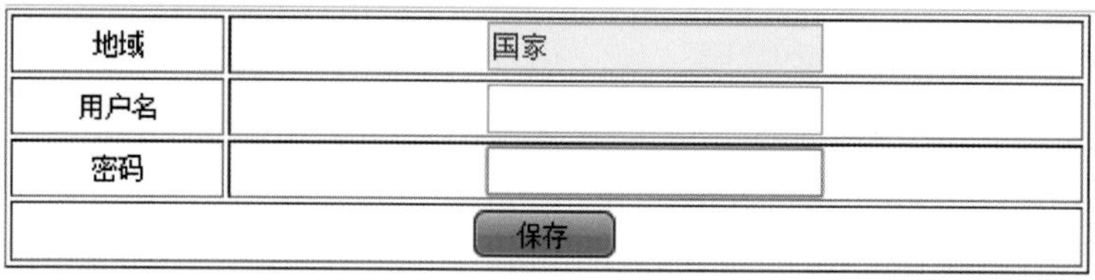

地域	国家
用户名	
密码	
保存	

图 5-9-1

5.10　系统帮助

在顶部功能区点击【系统帮助】即可下载绿色高产高效创建平台使用手册（图5-10-1）。

图 5-10-1

6　省级用户

省级用户负责每年辖区任务分配、数据审核、总结上报、绩效考核等工作。具体平台功能、权限和操作如下。

6.1　首页

全国信息排行榜　全国信息排行榜显示全国各省（自治区、直辖市）上报的信息数量以及采用信息数量。

公告通知　公告通知由国家级用户发布，省级、市级、县级用户可浏览。省级用户也具有发布权限，但仅辖区内市、县级用户可浏览。

信息交流　信息交流显示县级最新上报的典型材料。

序号	地域名称	信息数量	采用数量	序号	地域名称	信息数量	采用数量
1	河 北	0	0	17	广 东	0	0
2	山 西	4	0	18	广 西	1	0
3	内蒙古	0	0	19	海 南	0	0
4	辽 宁	0	0	20	重 庆	3	0
21	吉 林	0	0	21	四 川	3	0
6	黑龙江	0	0	22	贵 州	0	0
7	江 苏	0	0	23	云 南	0	0
8	浙 江	0	0	24	西 藏	0	0
9	安 徽	0	0	25	陕 西	0	0
10	福 建	0	0	26	甘 肃	0	0
11	江 西	0	0	27	青 海	0	0
12	山 东	0	0	28	宁 夏	0	0
13	青岛市	0	0	29	新 疆	0	0
14	河 南	1	0	30	广东农垦	0	0
15	湖 北	0	0	31	黑龙江农垦	0	0
16	湖 南	0	0				

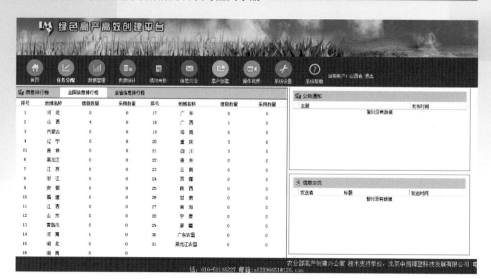

图6-1-1

6.2　任务分配

省级用户负责辖下各县（市）的任务分配和发布。

任务分配操作流程

点击顶部功能区【任务分配】，进入任务管理界面，点击左边栏功能区里的【任务分配】（图6-2-1）进入分配任务列表。

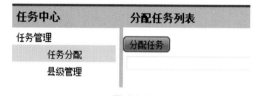

图6-2-1

在分配任务列表界面点击【分配任务】（图6-2-1），进入到分配工作任务界面（图6-2-2）。

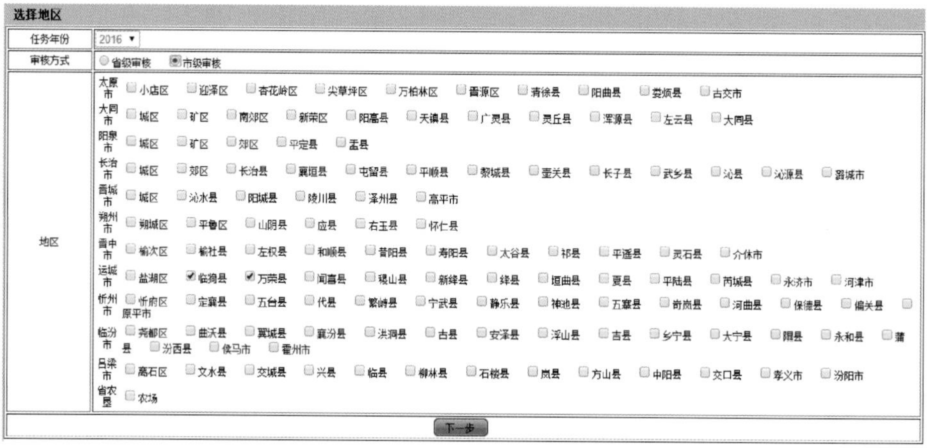

图6-2-2

审核方式：单选省级或市级审核（图6-2-2），明确权限。勾选省级审核，数据上报流程为县（市）直接至省，省级用户负责对数据把关，（地）市级用户无法在系统中查验或进行操作。勾选市级审核，数据上报流程为县（市）-地（市)-省（自治区、直辖市），地（市）级用户可进行数据管理、统计分析等操作；同时，省级仍具有审核权限，一旦发现数据遗漏或谬误，可直接退回至县（市）。

地区：为多选，即为项目承担单位分配平台权限。具体操作是：根据项目实施方案，对当年项目任务涉及县（市）进行勾选，完成后点击下一步至图6-2-3界面。

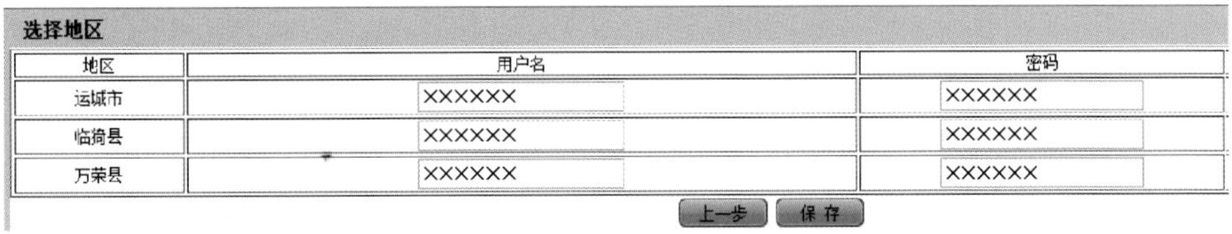

选择地区

地区	用户名	密码
运城市	XXXXXX	XXXXXX
临猗县	XXXXXX	XXXXXX
万荣县	XXXXXX	XXXXXX

上一步　保存

图6-2-3

图6-2-3界面，即是为当年项目参与单位设置用户名、密码等，以便其使用绿色高产高效创建平台。具体操作为：输入用户名、密码，点击【保存】。

注：任务分配完毕后，则无法进行修改。如需要修改，可联系绿色高产高效创建平台技术支持单位，由技术支持单位从后台修改操作。

县级管理

主要是对录入县、市用户的维护、管理。用于应对密码丢失等突发事件。

具体操作流程：点击左边栏功能区里的【县级管理】（图6-2-4）进入县级管理界面（图6-2-5）。

点击【详情】，可对用户名、密码进行维护修改。

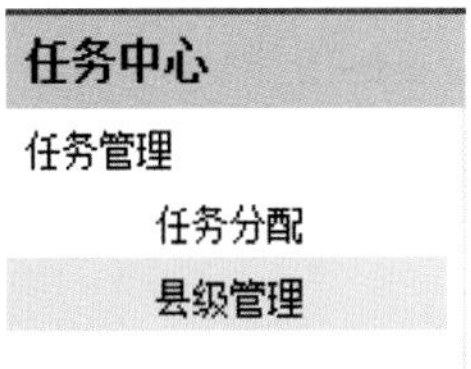

任务中心

任务管理
　任务分配
　县级管理

图6-2-4

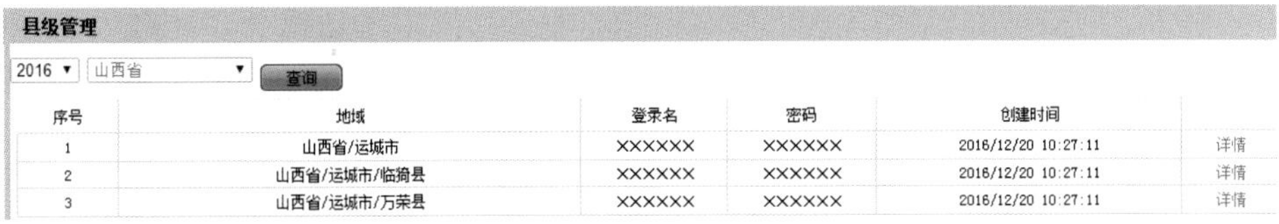

县级管理

2016 ▾ 山西省 ▾	查询				
序号	地域	登录名	密码	创建时间	
1	山西省/运城市	XXXXXX	XXXXXX	2016/12/20 10:27:11	详情
2	山西省/运城市/临猗县	XXXXXX	XXXXXX	2016/12/20 10:27:11	详情
3	山西省/运城市/万荣县	XXXXXX	XXXXXX	2016/12/20 10:27:11	详情

图6-2-5

6.3 数据管理

用于浏览上报的具体数据信息，进行审核上报、数据退回等操作，包括项目县基本情况和项目县创建作物。

项目县基本情况 查看各地项目县基本情况报表，各县级单位填报状态，并开展数据审核。

项目县创建作物　查看各地项目县创建作物报表，各县级单位填报状态，并开展数据审核。

项目县基本情况操作流程

点击左边栏功能区里的【项目县基本情况】（图6-3-1）进入到基本情况任务表界面（图6-3-2）。

用户可以通过点击【查看】，对该年度的基本情况任务表进行查看（图6-3-3），包括任务年度、完成情况等；点击【详情】，查看具体报表，查询结果如图6-3-4。

数据管理

数据管理

　　项目县基本情况

　　项目县创建作物

图 6-3-1

基本情况任务表

序号	发布单位	任务名称	任务年度	完成情况	查看
1	山西省	山西省绿色高产高效创建县	2013	0/2	查看
2	山西省	山西省绿色高产高效创建县	2014	0/2	查看
3	山西省	山西省绿色高产高效创建县	2015	0/2	查看
4	山西省	山西省绿色高产高效创建县	2016	1/2	查看

图 6-3-2

基本情况任务表

返回

序号	填报单位	任务名称	任务年度	状态	操作	详情
1	临猗县	临猗县绿色高产高效创建县	2015	已上报	通过 不通过	详情
2	万荣县	万荣县绿色高产高效创建县	2015	未填写		

图 6-3-3

项　　目	当前主要作物	
全县耕地面积 (万亩)	1.0	
粮食 (含大豆) 面积 (万亩)	1.0	
棉花面积 (万亩)	1.0	
油料面积 (万亩)	1.0	
糖料面积 (万亩)	1.0	
县级联系人姓名	1	
联系方式	1	
主要作物	春小麦	马铃薯
面积 (万亩)	1.0	1.0
产量 (吨)	1.0	1.0
单产 (公斤/亩)	1.0	1.0
灌溉用水 (方/亩)	1.0	1.0
肥料-氮 (折纯, 公斤/亩)	1.0	1.0
肥料-磷 (折纯, 公斤/亩)	1.0	1.0
肥料-钾 (折纯, 公斤/亩)	1.0	1.0
农药 (有效成分100%, 克/亩)	1.0	1.0
种子 (公斤/亩)	1.0	1.0
病虫害统防统治率 (%)	1.0	1.0
综合机械化率 (%)	1.0	11.0
亩总成本 (元)	23.0	13.0
其中: 物质与服务费用 (元/亩)	12.0	12.0
人工成本 (元/亩)	11.0	12.0
亩纯收益 (元)	1.0	1.0

返回

图 6-3-4

审核项目：完成数据浏览审核后，若无异议，可点击【返回】回到上一级界面，如图6-3-3，点击【通过】完成数据审核上报。若对数据有异议，点击【不通过】，系统再次提示："是否不通过该条数据？"（图6-3-5），点击【确定】即可将报表退回到县级填报单位。

图 6-3-5

通过状态如图6-3-6。

基本情况任务表

序号	填报单位	任务名称	任务年度	状态	操作	详情
1	临猗县	临猗县绿色高产高效创建县	2016	已通过		详情
2	万荣县	万荣县绿色高产高效创建县	2016	未填写		

图 6-3-6

状态信息包括：

➢【未填写】：还未填写项目县基本情况报表数据；

➢【已填写】：填写并保存了项目县基本情况报表数据，但未上报；

➢【已上报】：已经将项目县基本情况报表数据上报；

➢【未通过】：项目县基本情况报表数据有误，需要进行修改后再上报。

项目县创建作物操作流程

点击左边栏功能区里的【项目县创建作物】（图6-3-7）进入到创建作物任务表界面（图6-3-8）。

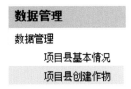

图 6-3-7

创建作物任务表

序号	发布单位	任务名称	任务年度	完成情况	查看
1	山西省	山西省绿色高产高效创建县	2016	8/8	查看

图 6-3-8

　　用户可以通过点击【查看】，对本省项目县创建作物列表进行查看，包括任务年度、完成情况等（图6-3-9）；点击【详情】查看具体报表，查询结果如图6-3-10。

创建作物任务表

序号	填报单位	任务名称	任务年度	状态	操作	详情
1	左云县	左云县绿色高产高效创建县	2016	已通过		详情
2	沁源县	沁源县绿色高产高效创建县	2016	已通过		详情
3	平鲁区	平鲁区绿色高产高效创建县	2016	已通过		详情
4	寿阳县	寿阳县绿色高产高效创建县	2016	已通过		详情
5	河津市	河津市绿色高产高效创建县	2016	已通过		详情
6	原平市	原平市绿色高产高效创建县	2016	已通过		详情
7	翼城县	翼城县绿色高产高效创建县	2016	已通过		详情
8	兴县	兴县绿色高产高效创建县	2016	已通过		详情

图6-3-9

项　目	创建作物
总创建面积 (万亩)	10.0
创建作物	燕麦
面积 (万亩)	10.0
产量 (吨)	1260.0
单产 (公斤/亩)	127.0
灌溉用水 (方/亩)	0.0
肥料-氮 (折纯, 公斤/亩)	5.3
肥料-磷 (折纯, 公斤/亩)	2.3
肥料-钾 (折纯, 公斤/亩)	0.0
农药 (有效成分100%, 克/亩)	0.0
种子 (公斤/亩)	10.0
病虫害统防统治率 (%)	100.0
综合机械化率 (%)	100.0
亩总成本 (元)	175.0
其中: 物质与服务费用 (元/亩)	100.0
人工成本 (元/亩)	75.0
亩纯收益 (元)	460.0
县级联系人姓名	
联系方式	

返回

图6-3-10

　　审核项目：完成数据浏览审核后，若无异议，可通过【返回】回到上一级界面如图6-3-9，在操作栏目下点击【通过】完成数据审核上报。若对数据有异议，点击【不通过】，系统再次提示："是否不通过这条数据？"（如图6-3-11），点击【确定】即可将报表退回到县级填报单位。

localhost:8082 上的网页显示：　　　　✕

是否不通过这条数据？

　　　确定　　　取消

图6-3-11

通过状态如图6-3-12所示。

序号	填报单位	任务名称	任务年度	状态	操作	详情
1	左云县	左云县绿色高产高效创建县	2016	已通过		详情
2	沁源县	沁源县绿色高产高效创建县	2016	已通过		详情

图6-3-12

状态信息与项目县基本情况同。

6.4　数据统计

用于汇总分析项目数据。包括综合统计、作物统计和自定义统计。

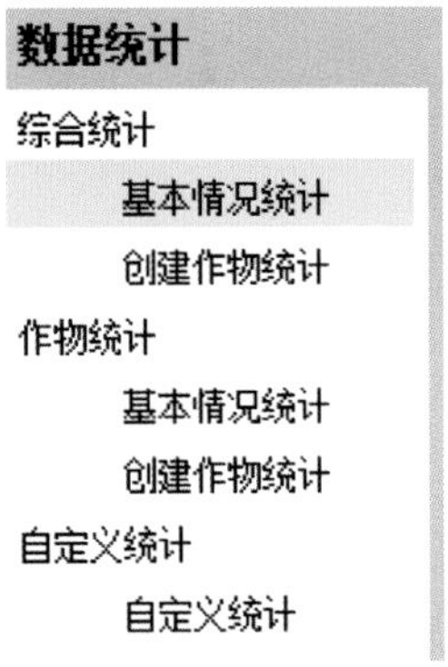

综合统计

通过系统后台运算，以项目县为主体，展示粮、棉、油、糖面积，以及其他部分信息。包括对基本情况报表和创建作物报表进行综合统计。

基本情况综合统计操作流程

点击左边栏功能区里综合统计下的【基本情况统计】（图6-4-1）进入对基本情况报表综合统计的界面（图6-4-2）。

数据统计

综合统计
　　基本情况统计
　　创建作物统计
作物统计
　　基本情况统计
　　创建作物统计
自定义统计
　　自定义统计

图6-4-1

年度：2016 ▼　地域：山西省 ▼　作物类型：小麦　　▼　作物：春小麦 ▼　　查询　　导出

图6-4-2

用户可以通过选择年度、地域、作物类型、作物等进行条件设置（图6-4-2），点击【查询】即可根据所选择的条件进行查询。查询结果如图6-4-3。

序号	地域	年度	全县耕地面积（万亩）	粮食(含大豆)面积（万亩）	棉花面积（万亩）	油料面积（万亩）	糖料面积（万亩）	县级联系人姓名	联系方式	主要作物	面积（万亩）	产量（吨）	单产(公斤/亩)	灌溉用水(万亩)	肥料-氮(折纯,公斤/亩)
1	山西省/运城市/临猗县	2016	1.0	1.0	1.0	1.0	1.0			春小麦	1.0	1.0	1.0	1.0	

图 6-4-3

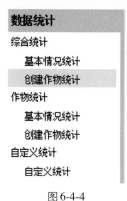

系统设置了Excel导出功能，支持Excel导出，点击【导出】，设置好保存路径，保存文件。

创建作物统计操作流程

点击左边栏功能区综合统计下的【创建作物统计】（图6-4-4）进入对创建作物报表综合统计的界面（图6-4-5）。

用户可以通过选择年度、地域、作物类型、作物等进行条件设置（图6-4-5），点击【查询】即可根据所选择的条件进行查询，查询结果如图6-4-6。

图 6-4-4

年度：全部 ▼ 地域：全部 ▼ 作物类型：小麦 ▼ 作物：全部 ▼ 　查 询　　导 出　

图 6-4-5

序号	地域	年度	总创建面积（万亩）	县级联系人姓名	联系方式	主要作物	面积（万亩）	产量（吨）	单产(公斤/亩)	灌溉用水(万亩)	肥料-氮(折纯,公斤/亩)	肥料-磷(折纯,公斤/亩)	肥料-钾(折纯,公斤/亩)
1	山西省/运城市/临猗县	2016	13.0	1	1	春小麦	11.0	11.0	1.0	11.0	1.0	11.0	11.0
2	山西省/运城市/临猗县	2016	13.0	1	1	早稻	1.0	1.0	1.0	1.0	1.0	11.0	11.0

图 6-4-6

系统设置了Excel导出功能，支持Excel导出，点击【导出】，设置好保存路径，保存文件。

作物统计

通过系统后台运算，以具体作物为主体，展示全辖区不同年度面积、总产、单产等，以及其他部分信息。包括对基本情况报表和创建作物报表进行作物统计。

基本情况统计操作流程

点击左边栏功能区作物统计下的【基本情况统计】（图6-4-7）进入对基本情况报表作物统计的界面（图6-4-8）。

用户可以通过选择年度进行条件设置（图6-4-8），点击【查询】即可根据所选择的年度进行查询，查询结果如图6-4-9。

数据统计

综合统计
　　基本情况统计
　　创建作物统计
作物统计
　　基本情况统计
　　创建作物统计
自定义统计
　　自定义统计

图6-4-8

图6-4-7

基本情况统计

年度：全部 ▼ 　查询　导出

序号	主要作物	年度	面积(万亩)	产量(吨)	单产(公斤/亩)	灌溉用水(方/亩)	肥料-氮(折纯,公斤/亩)	肥料-磷(折纯,公斤/亩)	肥料-钾(折纯,公斤/亩)	农药(有效成分100%,克/亩)
1	春小麦	2013	47.0	58831.5	125.17	15	12	6	4	76
2		2014	463.6	2771251.9	597.77	15	13	6	3	205
3		2015	28.0	10776.6	38.49	25	15	7	3	85
4		2016	70.8	62614.8	88.44	188	18	9	2	23

图6-4-9

系统设置了Excel导出功能，支持Excel导出，点击【导出】，设置好保存路径，保存文件。

创建作物统计操作流程

点击左边栏功能区作物统计下的【创建作物统计】（图6-4-10）进入对创建作物报表作物统计的界面（图6-4-11）。

用户可以通过选择年度进行条件设置（图6-4-11），点击【查询】即可根据所选择的年度进行查询。查询结果如图6-4-12。

数据统计

综合统计
　　基本情况统计
　　创建作物统计
作物统计
　　基本情况统计
　　创建作物统计
自定义统计
　　自定义统计

图6-4-11

图6-4-10

创建作物统计

年度：2016 ▼ 　查询　导出

序号	主要作物	年度	面积(万亩)	产量(吨)	单产(公斤/亩)	灌溉用水(方/亩)	肥料-氮(折纯,公斤/亩)	肥料-磷(折纯,公斤/亩)	肥料-钾(折纯,公斤/亩)	农药(有效成分100%,克/亩)
1	春小麦	2016	11.0	11.0	0.1	11	1	11	11	1
2	早稻	2016	1.0	1.0	0.1	1	1	11	11	1

图6-4-12

系统设置了Excel导出功能，支持Excel导出，点击【导出】，设置好保存路径，保存文件。

自定义统计

为方便用户进行个性化的统计分析，系统提供自定义统计功能。该功能可实现灵活设置查询条件、过滤条件，对数据进行汇总、计数、明细查看等操作。

自定义统计操作流程

点击数据统计左边栏功能区里的【自定义统计】（图6-4-13）进入自定义统计界面（图6-4-14）。按需求选择年度、地域、任务、作物等，点击【查询】进行统计分析。

自定义统计支持多选、条件筛选等，统计方式分为汇总统计、明细统计、计数统计等。其中：汇总统计指根据所选项进行后台运算的统计结果，明细统计指根据所选项详细列出全部有关数据，计数统计仅显示根据所选项全部符合要求的结果个数。

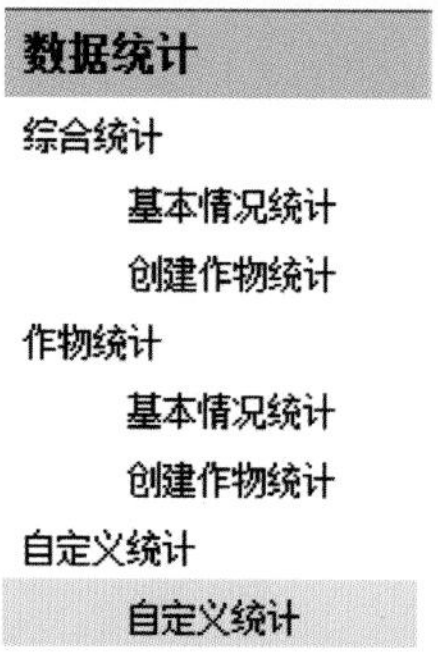

数据统计
综合统计
基本情况统计
创建作物统计
作物统计
基本情况统计
创建作物统计
自定义统计
自定义统计

图6-4-13

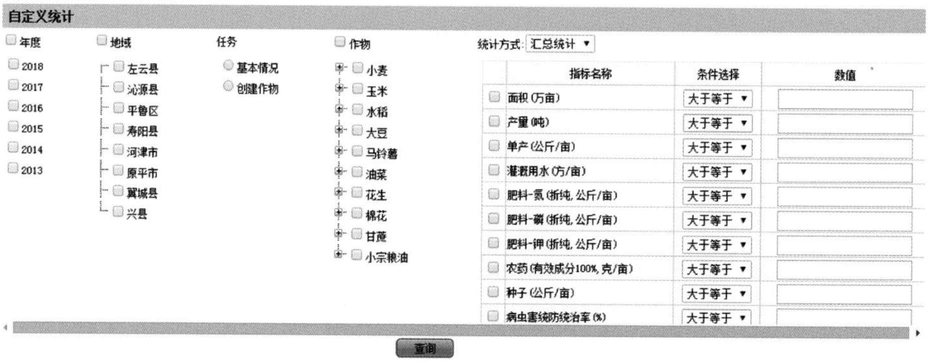

图6-4-14

6.5 绩效考核

为辅助项目绩效管理，新版平台增设绩效考核板块，供各地上传备份相关电子佐证材料，降低行政成本。

绩效考核操作流程

新增项目　点击顶部功能区【绩效考核】，进入图6-5-1界面。点击【新建绩效】，打开数据填写界面（图6-5-2），填写相关数据后点击【保存】。

绩效考核设有具体内容及评分标准，需填报单位根据本年完成情况进行自评打分。并附自评打分的相关描述，包括是否按要求印发文件、方案；或是否按要求完成等。上传相关佐证材料。佐证材料一般包括但不局限于文件方案、活动照片等。**平台严禁上传涉密内容！**

图6-5-1

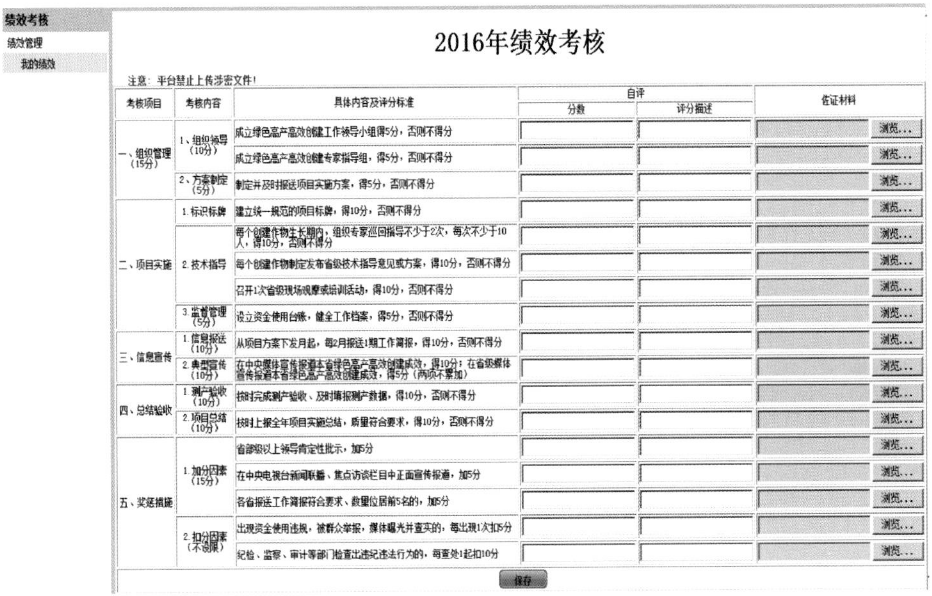

2016年绩效考核

注意：平台禁止上传涉密文件！

考核项目	考核内容	具体内容及评分标准	自评		佐证材料
			分数	评分描述	
一、组织管理（15分）	1、组织领导（10分）	成立绿色高产高效创建工作领导小组得5分，否则不得分			
		成立绿色高产高效创建专家指导组，得5分，否则不得分			
	2、方案制定（5分）	制定并及时报送项目实施方案，得5分，否则不得分			
二、项目实施	1.标识标牌	建立统一规范的项目标牌，得10分，否则不得分			
	2.技术指导	每个创建作物生长期内，组织专家巡回指导不少于2次，每次不少于10人，得10分，否则不得分			
		每个创建作物制定发布省级技术指导意见或方案，得10分，否则不得分			
		召开1次省级现场观摩或培训活动，得10分，否则不得分			
	3.监督管理（5分）	设立资金使用台账，健全工作档案，得5分，否则不得分			
三、信息宣传	1.信息报送（10分）	从项目方案下发月起，每2月报送1期工作简报，得10分，否则不得分			
	2.典型宣传（10分）	在中央媒体宣传报道本省绿色高产高效创建成效，得10分；在省级媒体宣传报道本省绿色高产高效创建成效，得5分（两项不累加）			
四、总结验收	1.测产验收（10分）	按时完成测产验收、及时填报测产数据，得10分，否则不得分			
	2.项目总结（10分）	按时上报全年项目实施总结，质量符合要求，得10分，否则不得分			
五、奖惩措施	1.加分因素（15分）	省部级以上领导肯定性批示，加5分			
		在中央电视台新闻联播、焦点访谈栏目中正面宣传报道，加5分			
		各省报送工作简报符合要求、数量位居前5名的，加5分			
	2.扣分因素（不设限）	出现资金使用违规，被群众举报，媒体曝光并查实的，每出现1次扣5分			
		纪检、监察、审计等部门检查出违纪违法行为的，每查处1起扣10分			

图6-5-2

考核内容包括组织管理、项目实施、信息宣传、总结验收等4部分，需如实打分，写清评分描述，提交佐证材料，不能空缺。奖惩措施为加分、扣分项，为非必填项。

佐证材料上传：点击绩效考核报表（图6-5-2）里的【浏览】进入选择加载文件界面（图6-5-3）。

选择需要提交的佐证材料，点击【打开】（图6-5-3），确定上传路径。

图 6-5-3

点击【上传】（图6-5-4），完成佐证材料上传操作。

任务上报： 数据保存后，报表任务的状态为"已填写"，如图6-5-5。此时用户可以点击该任务右侧的【详情】，重新打开数据报表，修改数据并再次保存。如果用户已经确认所填写的数据无误，在图6-5-5界面点击任务报表右侧的【上报】，完成数据填写上报的整个流程。

注：上报后无法修改，若还有疏漏，可致电上一级用户，申请返回。

图 6-5-4

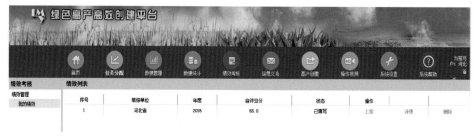

图 6-5-5

数据查看：点击上报后，状态变为【已上报】。点击【详情】（图6-5-6）可以进行查看。

图6-5-6

增设县级绩效考核

为提高效率，方便用户，绿色高产高效创建平台也可设置县级绩效考核。

具体需由省级用户设计县级绩效考核指标和评分细则，形成相关表单。联系绿色高产高效创建平台技术支持单位，由技术支持单位从后台增加模块。

6.6　信息交流

用于促进绿色高产高效创建项目单位信息互通，包括信息交流和总结报告两方面功能。

信息交流功能

公告通知：查看国家级用户发布的公告通知；发布辖区县、市级用户可见的公告通知。

典型材料上报：将编辑、筛选的典型材料上报国家级用户。

县级典型材料管理：查看县级用户上报的文件信息等。

总结报告功能　包括编辑提交半年总结、全年总结；审核、浏览、搜索县级半年总结、县级全年总结等。

信息交流

公告通知操作流程

点击【信息交流】里的【公告通知】如图6-6-1进入通知公告编辑界面，如图6-6-2。

图6-6-1　　　　　　　　　　　图6-6-2

首先选择相应年份，点击【新增】如图6-6-2，依次输入各项内容后，点击【保存】如图6-6-3，完成通知公告的编写发布操作。

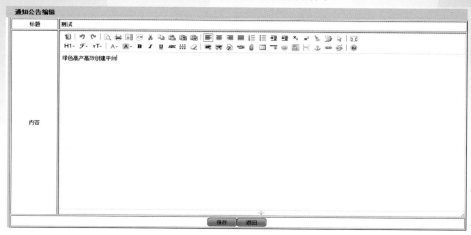

图 6-6-3

若需要撤回，点击图6-6-4中【删除】进行删除操作。

序号	发布单位	标题	发布时间	浏览	
1	山西省	测试	2017/1/3 11:05:20	浏览	删除 详情

图 6-6-4

查看已发布的公告通知，也可在顶部功能区点击【首页】(图6-6-5)，在平台首页的公告通知栏目查看。

图 6-6-5

典型材料上报操作流程

点击信息交流功能里的【典型材料上报】（图6-6-6）进入典型上报操作界面（图6-6-7）。

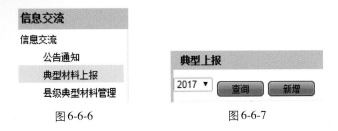

信息交流
信息交流
公告通知
典型材料上报
县级典型材料管理

图6-6-6

典型上报
2017
查询
新增

图6-6-7

点击【新增】，如图6-6-7，依次输入各个数据项后点击【保存】（图6-6-8）。此时典型材料仅作保存，并未上报至国家级用户。

文字任务编辑
任务标题
任务内容
附件
选择文件　未选择任何文件
保存
返回

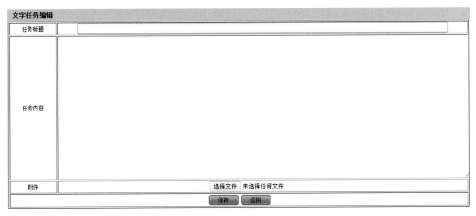

图6-6-8

保存后（图6-6-9），点击【详情】，即可查看编写的信息。

点击【上报】，即可完成典型材料上报。

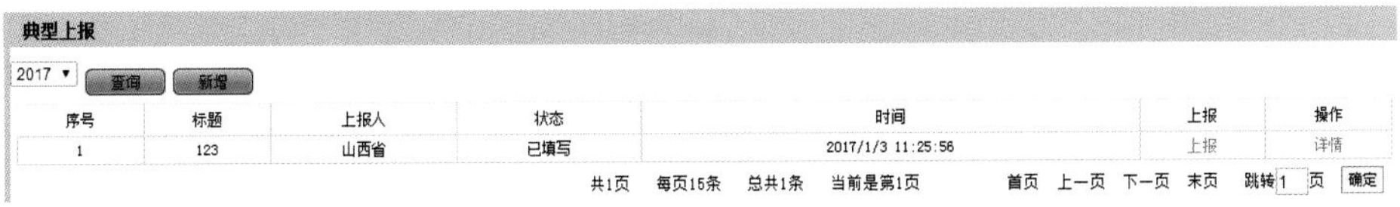

典型上报
2017
查询
新增
序号　标题　上报人　状态　时间　上报　操作
1　123　山西省　已填写　2017/1/3 11:25:56　上报　详情
共1页　每页15条　总共1条　当前是第1页　首页　上一页　下一页　末页　跳转 1 页　确定

图6-6-9

县级典型材料管理操作流程

点击信息交流功能里的【县级典型材料管理】（图 6-6-10），进入县级典型材料管理界面（图6-6-11）。

选择不同年份，点击【查询】，可切换查看不同年份的县级典型材料数据上报情况（图6-6-11）。

信息交流

信息交流
　　公告通知
　　典型材料上报
　　县级典型材料管理
总结报告
　　半年总结
　　县级半年总结
　　全年总结
　　县级全年总结

图 6-6-11

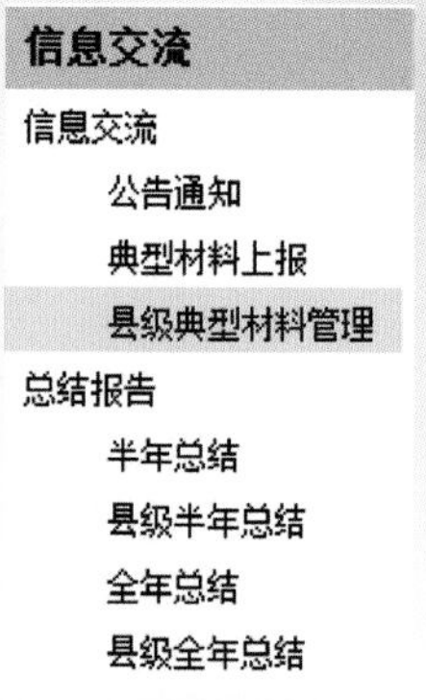

图 6-6-10

点击【详情】（图6-6-12），即可查看县级上报的信息，如图6-6-13。

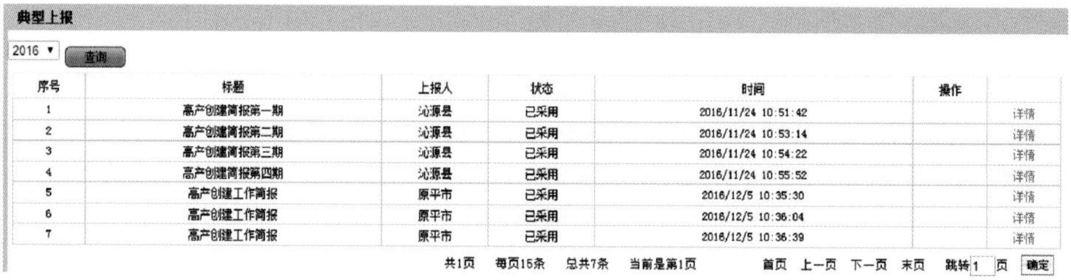

序号	标题	上报人	状态	时间	操作	
1	高产创建简报第一期	沁源县	已采用	2016/11/24 10:51:42		详情
2	高产创建简报第二期	沁源县	已采用	2016/11/24 10:53:14		详情
3	高产创建简报第三期	沁源县	已采用	2016/11/24 10:54:22		详情
4	高产创建简报第四期	沁源县	已采用	2016/11/24 10:55:52		详情
5	高产创建工作简报	原平市	已采用	2016/12/5 10:35:30		详情
6	高产创建工作简报	原平市	已采用	2016/12/5 10:36:04		详情
7	高产创建工作简报	原平市	已采用	2016/12/5 10:36:39		详情

共1页　每页15条　总共7条　当前是第1页　首页 上一页 下一页 末页　跳转1 页 确定

图 6-6-12

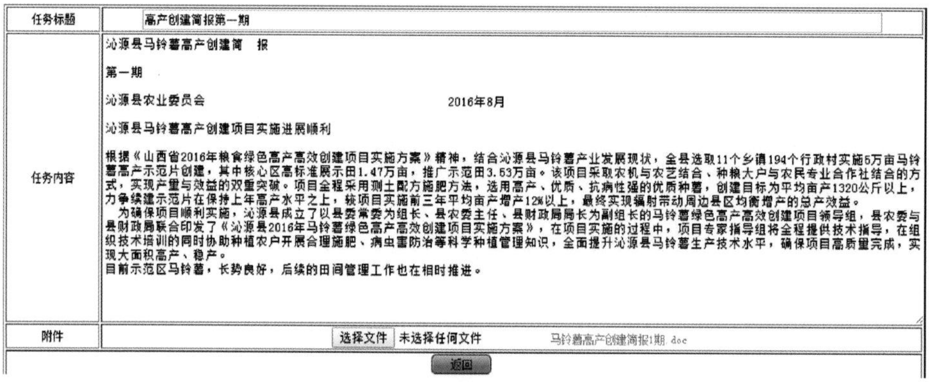

任务标题	高产创建简报第一期
任务内容	沁源县马铃薯高产创建简　报 第一期 沁源县农业委员会　　　　　　　　　　2016年8月 沁源县马铃薯高产创建项目实施进展顺利 根据《山西省2016年粮食绿色高产高效创建项目实施方案》精神，结合沁源县马铃薯产业发展现状，全县选取11个乡镇194个行政村实施5万亩马铃薯高产示范片创建，其中核心区高标准展示田1.47万亩，推广示范片3.63万亩。该项目采取农机与农艺结合、种粮大户与农民专业合作社结合的方式，实现产量与效益的双提突破。项目全程采用测土配方施肥方法，选用高产、优质、抗病性强的优质种薯，创建目标为平均亩产1320公斤以上，力争将创建示范片在保持上年高产水平之上，核项目范围前三年平均亩产增产12%以上。最终实现辐射带动周边县区均衡增产的总产效益。 为确保项目顺利实施，沁源县成立了以县委常委组长、县农委主任、县财政局局长为副组长的马铃薯绿色高产高效创建项目领导组，县农委与县财政局联合印发了《沁源县2016年马铃薯绿色高产高效创建项目实施方案》。在项目实施的过程中，项目专家指导组将全程提供技术指导，在组织技术培训的同时协助种植农户开展合理施肥、病虫害防治等科学种植管理知识，全面提升沁源县马铃薯生产技术水平，确保项目高质量完成，实现大面积高产、稳产。 目前示范区马铃薯，长势良好，后续的田间管理工作也在相时推进。
附件	选择文件 未选择任何文件　　马铃薯高产创建简报1期.doc

返回

图 6-6-13

总结报告

半年总结操作流程

点击总结报告功能里的【半年总结】（图6-6-14），进入总结任务编辑界面。

首先选择相应年份，再点击【新增】(图6-6-15)，依次输入各个数据项后点击【保存】，如图6-6-16。

半年总结
2017 ▾
查询
新增

图6-6-15

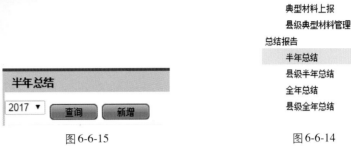

信息交流
信息交流
公告通知
典型材料上报
县级典型材料管理
总结报告
半年总结
县级半年总结
全年总结
县级全年总结

图6-6-14

总结任务编辑
总结标题
总结内容
(不超过1000字)
附件
选择文件
未选择任何文件
保存
返回

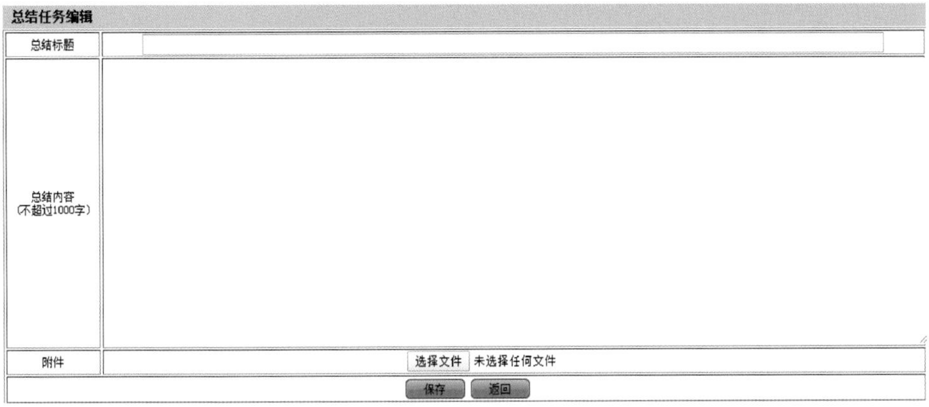

图6-6-16

保存后（图6-6-17)，点击【详情】，即可查看编辑的信息。点击【上报】，即可将此信息发布，完成半年总结上报操作。

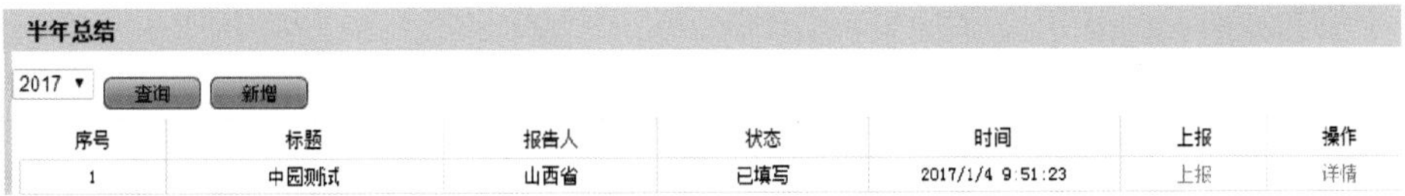

半年总结
2017 ▾
查询
新增
序号
标题
报告人
状态
时间
上报
操作
1
中园测试
山西省
已填写
2017/1/4 9:51:23
上报
详情

图6-6-17

全年总结操作流程

点击总结报告功能里的【全年总结】(图6-6-18) 进入全年总结编辑界面。

首先选择相应年份，再点击【新增】（图6-6-19），依次输入各个数据项后点击【保存】，如图6-6-20。

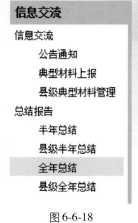

图 6-6-18

图 6-6-19

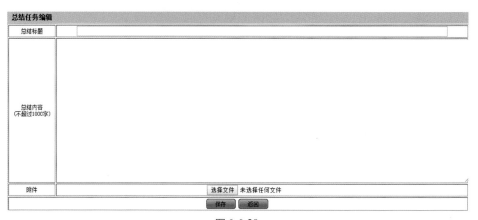

图 6-6-20

保存后（图6-6-21），点击【详情】，即可查看编辑的信息。点击【上报】，即可将此信息发布，完成全年总结上报操作。

全年总结						
序号	标题	报告人	状态	时间	上报	操作
1	测试	山西省	已填写	2017/1/4 10:00:40	上报	详情

图 6-6-21

县级半年总结操作流程

点击信息交流功能里的【县级半年总结】（图6-6-22），进入县级县级半年总结管理界面。

在总结列表下，选择不同年份，点击【查询】可切换查看县级半年总结材料上报情况（图6-6-23）。

图6-6-23

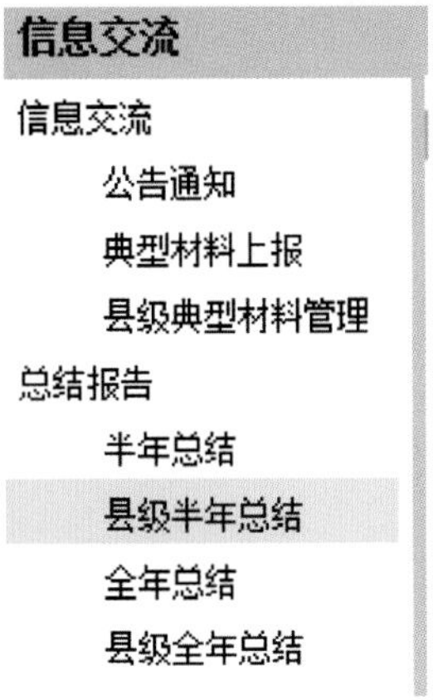

县级全年总结操作流程

点击信息交流功能里的【县级全年总结】（图6-6-24），进入县级全年总结管理界面。

在县级全年总结管理界面，选择不同年份，点击【查询】可切换查看县级全年总结材料上报情况（图6-6-25）。

图6-6-25

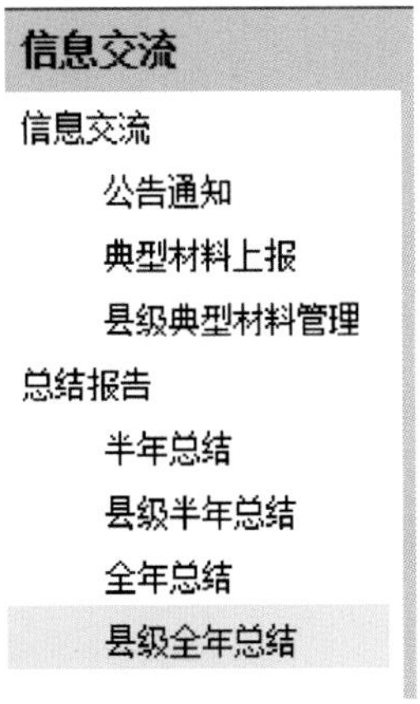

图6-6-24

6.7　网页链接

在顶部功能区点击【网页链接】，进入农业部网站粮棉油糖高产创建专栏。可浏览最新工作部署、各地典型经验交流、技术指导意见等，如图6-7-1。

图 6-7-1

6.8 操作视频

在顶部功能区点击【操作视频】，可下载并观看绿色高产高效创建平台详细操作流程，如图6-8-1。

图 6-8-1

6.9 系统设置

在顶部功能区点击【系统设置】可以修改当前用户名及密码，如图6-9-1。

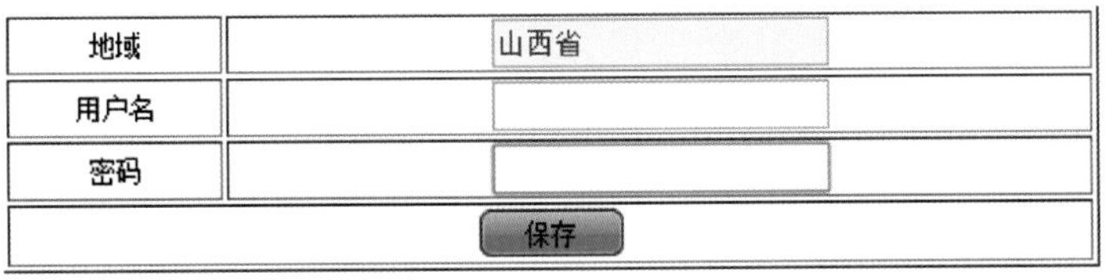

地域	山西省
用户名	
密码	
保存	

图6-9-1

6.10 系统帮助

在顶部功能区点击【系统帮助】即可下载绿色高产高效创建平台使用手册，如图6-10-1。

图6-10-1

7 市级用户

7.1 首页

信息排行榜 信息排行榜显示辖区内各县级上报的信息数量以及采用信息数量。

公告通知 栏目内的公告通知由国家级、省级用户发布，市（地）级、县（市）级用户可浏览。

信息交流 信息交流显示辖区内县（市）级用户最新上报的典型材料。

图 7-1-1

7.2 数据管理

用于浏览、审核辖区内县级用户报送的各项数据，包括项目县基本情况和项目县创建作物。

项目县基本情况 查看辖区项目县基本情况报表、各县级单位填报状态，并开展数据审核。

项目县创建作物 查看辖区项目县创建作物报表、各县级单位填报状态，并开展数据审核。

项目县基本情况操作流程

点击左边栏功能区里的【项目县基本情况】（图7-2-1）进入到基本情况任务表界面（图7-2-2）。

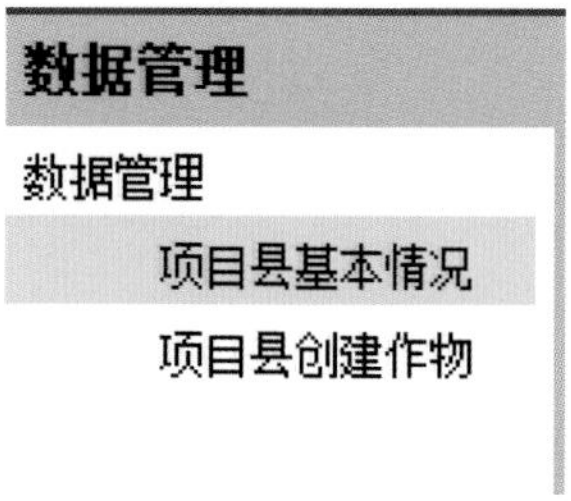

数据管理

数据管理

　项目县基本情况

　项目县创建作物

图 7-2-1

基本情况任务表

序号	发布单位	任务名称	任务年度	完成情况	查看
1	山西省	山西省绿色高产高效创健县	2013	0/2	查看
2	山西省	山西省绿色高产高效创健县	2014	0/2	查看
3	山西省	山西省绿色高产高效创健县	2015	0/2	查看
4	山西省	山西省绿色高产高效创健县	2016	1/2	查看

图7-2-2

　　用户可以通过点击【查看】（图7-2-2），对该年度的基本情况列表进行查看（图7-2-3），包括填报单位、任务名称、任务年度、状态等;再点击【详情】查询具体报表，如图7-2-4。

基本情况任务表

返回

序号	填报单位	任务名称	任务年度	状态	操作	详情
1	临猗县	临猗县绿色高产高效创健县	2016	已通过		详情
2	万荣县	万荣县绿色高产高效创健县	2016	已上报	通过 不通过	详情

图7-2-3

项　目	当前主要作物	
全县耕地面积(万亩)	1.0	
粮食(含大豆)面积(万亩)	1.0	
棉花面积(万亩)	1.0	
油料面积(万亩)	1.0	
糖料面积(万亩)	1.0	
县级联系人姓名	1	
联系方式	1	
主要作物	春小麦	马铃薯
面积(万亩)	1.0	1.0
产量(吨)	1.0	1.0
单产(公斤/亩)	1.0	1.0
灌溉用水(方/亩)	1.0	1.0
肥料-氮(折纯，公斤/亩)	1.0	1.0
肥料-磷(折纯，公斤/亩)	1.0	1.0
肥料-钾(折纯，公斤/亩)	1.0	1.0
农药(有效成分100%，克/亩)	1.0	1.0
种子(公斤/亩)	1.0	1.0
病虫害统防统治率(%)	1.0	1.0
综合机械化率(%)	1.0	11.0
亩总成本(元)	23.0	13.0
其中：物质与服务费用(元/亩)	12.0	12.0
人工成本(元/亩)	11.0	1.0
亩纯收益(元)	1.0	1.0

返回

图7-2-4

状态指县级用户信息收录整理的实时状态，包括：

➤【未填写】：还未填写项目县基本情况报表数据；

➤【已填写】：填写并保存了项目县基本情况报表数据，但未上报；

➤【已上报】：项目县已经将基本情况报表数据上报；需市级用户审核；

➤【未通过】：项目县基本情况报表数据有误，需要进行修改后再上报。

审核项目：通过浏览项目县报送的具体数据（图7-2-4），开展信息审核。

若对表内数据无异议，即可审核通过，具体操作为：在图7-2-4界面，点击【返回】回到上一级界面（图7-2-3），点击【通过】完成审核上报。审核上报后数据在本级界面无法修改。通过状态如图7-2-5。

若对表内信息有异议，点击【不通过】，即可将报表退回到县级用户。

基本情况任务表

序号	填报单位	任务名称	任务年度	状态	操作	详情
1	临猗县	临猗县绿色高产高效创建县	2016	已通过		详情
2	万荣县	万荣县绿色高产高效创建县	2016	未填写		

图7-2-5

项目县创建作物操作流程

点击左边栏功能区里的【项目县创建作物】（图7-2-6）进入到创建作物任务表界面（图7-2-7）。

数据管理

数据管理
　　项目县基本情况
　　项目县创建作物

图7-2-6

创建作物任务表

序号	发布单位	任务名称	任务年度	完成情况	查看
1	河南省	河南省绿色高产高效创建县	2016	1/1	查看

图7-2-7

用户可以通过点击【查看】，浏览该年度下辖各县的创建作物列表（图7-2-8），点击【详情】查看具体创建作物信息，包括任务年度、完成情况等；查询结果如图7-2-9。

创建作物任务表

序号	填报单位	任务名称	任务年度	状态	操作	详情
1	汝县	汝县绿色高产高效创建县	2016	已上报	通过 不通过	详情

图7-2-8

项　目	创建作物
总创建面积 (万亩)	40.0
创建作物	冬小麦
面积 (万亩)	40.0
产量 (吨)	232000.0
单产 (公斤/亩)	580.0
灌溉用水 (方/亩)	45.0
肥料-氮 (折纯，公斤/亩)	13.0
肥料-磷 (折纯，公斤/亩)	5.5
肥料-钾 (折纯，公斤/亩)	5.5
农药 (有效成分100%，克/亩)	190.0
种子 (公斤/亩)	15.0
病虫害统防统治率 (%)	98.0
综合机械化率 (%)	100.0
亩总成本 (元)	750.0
其中：物质与服务费用 (元/亩)	600.0
人工成本 (元/亩)	150.0
亩纯收益 (元)	642.0
县级联系人姓名	
联系方式	

返回

图 7-2-9

　　审核项目：完成数据浏览审核后，若无异议，可点击【返回】回到上一级界面，如图7-2-8，在操作栏目下点击【通过】完成数据审核上报。若对数据有异议，点击【不通过】，系统再次提示："是否不通过这条数据？"（图7-2-10）。点击【确定】即可将报表退回到上报单位。

localhost:8082 上的网页显示：

是否不通过这条数据？

确定　　取消

图 7-2-10

47

通过状态如图7-2-11。

序号	填报单位	任务名称	任务年度	状态	操作	详情
1	左云县	左云县绿色高产高效创建县	2016	已通过		详情
2	沁源县	沁源县绿色高产高效创建县	2016	已通过		详情

图7-2-11

状态信息与项目县基本情况同。

7.3 数据统计

用于汇总分析项目数据。包括综合统计、作物统计和自定义统计。

综合统计

通过系统后台运算，以项目县为主体，展示粮、棉、油、糖面积，以及其他部分信息。可进行对基本情况报表和创建作物报表的综合统计。

基本情况统计操作流程

点击左边栏功能区里的【基本情况统计】（图7-3-1），进入对基本情况报表综合统计的界面（图7-3-2）。

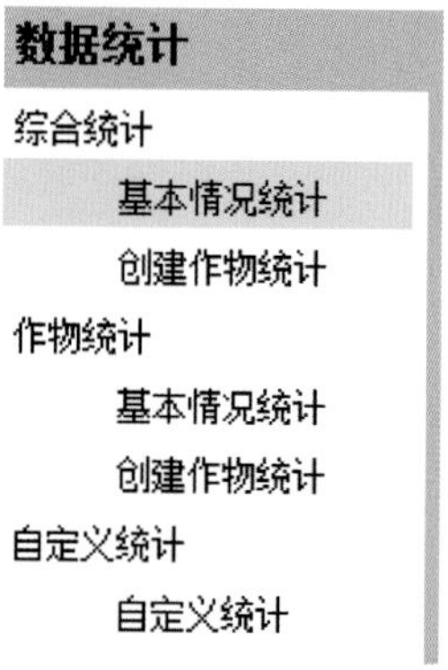

数据统计

综合统计
　基本情况统计
　创建作物统计
作物统计
　基本情况统计
　创建作物统计
自定义统计
　自定义统计

图7-3-1

年度：全部 ▼　地域：鹤壁市 ▼　作物类型：全部 ▼　作物：全部 ▼　　查 询　　导 出

图7-3-2

用户可以通过选择年度、地域、作物类型、作物等条件进行查询设置（图7-3-2），点击【查询】，即可根据所选择的条件进行查询。查询结果如图7-3-3。

序号	地域	年度	全县耕地面积（万亩）	粮食（含大豆）面积（万亩）	棉花面积（万亩）	油料面积（万亩）	糖料面积（万亩）	县级联系人姓名	联系方式	主要作物	面积（万亩）	产量（吨）	单产（公斤/亩）	灌溉用水（万/亩）
1	河南省/鹤壁市/浚县	2016	107.6	185.6	0.0	20.5	0.0			夏玉米	80.0	490640.0	613.3	30.0

图7-3-3

系统设置了Excel导出功能，支持Excel导出，可点击【导出】（图7-3-2），设置好保存路径，保存文件。

创建作物统计操作流程

点击左边栏功能区里的【创建作物统计】（图7-3-4）进入对创建作物报表综合统计的界面（图7-3-5）。

用户可以通过选择年度、地域、作物类型、作物等条件进行条件设置（图7-3-5），点击【查询】，即可根据所选择的条件进行查询。查询结果如图7-3-6。

系统设置了Excel导出功能，支持Excel导出，点击【导出】，设置好保存路径，保存文件。

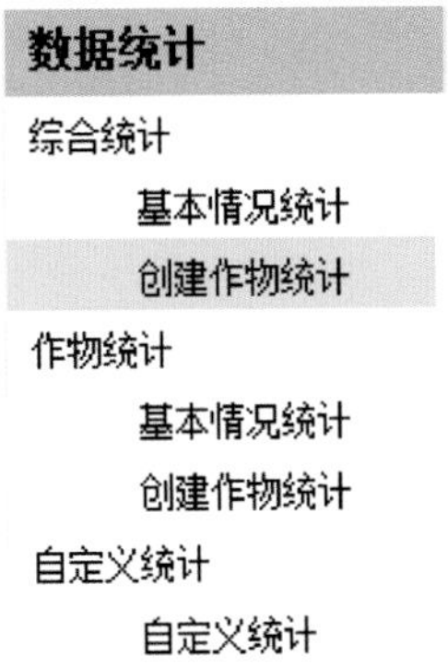

数据统计

综合统计
  基本情况统计
  创建作物统计
作物统计
  基本情况统计
  创建作物统计
自定义统计
  自定义统计

图7-3-4

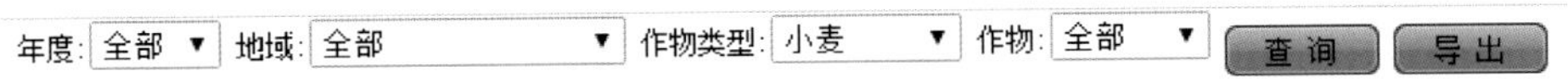

年度：全部 ▼ 地域：全部 ▼ 作物类型：小麦 ▼ 作物：全部 ▼ 【查询】 【导出】

图7-3-5

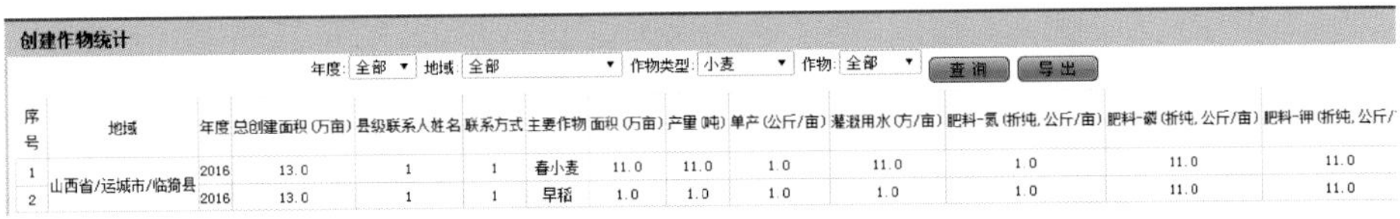

序号	地域	年度	总创建面积（万亩）	县级联系人姓名	联系方式	主要作物	面积（万亩）	产量（吨）	单产（公斤/亩）	灌溉用水（万/亩）	肥料-氮（折纯,公斤/亩）	肥料-磷（折纯,公斤/亩）	肥料-钾（折纯,公斤/
1	山西省/运城市/临猗县	2016	13.0	1	1	春小麦	11.0	11.0	1.0	11.0	1.0	11.0	11.0
2		2016	13.0	1	1	早稻	1.0	1.0	1.0	1.0	1.0	11.0	11.0

图7-3-6

作物统计

通过系统后台运算，以具体作物为主体，展示全辖区不同年度面积、总产、单产等，以及其他部分信息。包括对基本情况报表和创建作物报表进行作物统计。

基本情况统计操作流程

点击左边栏功能区里的【基本情况统计】（图7-3-7），进入对基本情况报表作物统计的界面（图7-3-8）。

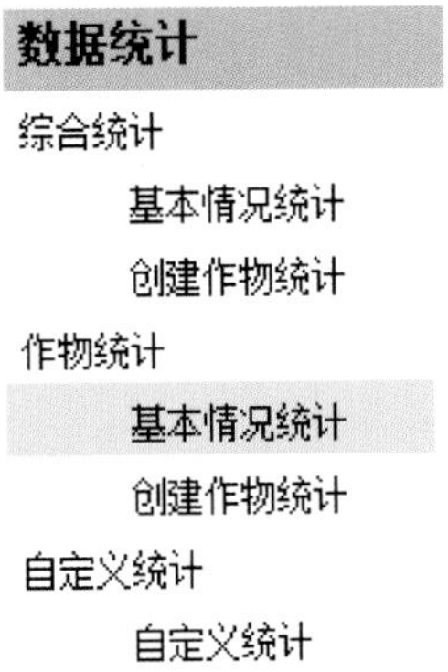

数据统计

综合统计
  基本情况统计
  创建作物统计
作物统计
  基本情况统计
  创建作物统计
自定义统计
  自定义统计

图7-3-7

年度：2017 ▼ 【查询】 【导出】

图7-3-8

用户可以通过选择年度条件进行条件设置（图7-3-8），点击【查询】，即可根据所选择的年度进行查询。查询结果如图7-3-9。

基本情况统计

| 年度: 2017 ▼ | 查询 | 导出 |

序号	主要作物	年度	面积(万亩)	产量(吨)	单产(公斤/亩)	灌溉用水(万/亩)	肥料-氮(折纯,公斤/亩)	肥料-磷(折纯,公斤/亩)	肥料-钾(折纯,公斤/亩)	农药(有效成分100%,克/亩)
1	春小麦	2016	1.0	1.0	0.1	1	1	1	1	1
2	马铃薯	2016	1.0	1.0	0.1	1	1	1	1	1

图 7-3-9

系统设置了Excel导出功能，支持Excel导出，点击【导出】，设置好保存路径，保存文件。

创建作物统计操作流程

点击左边栏功能区作物统计项目下的【创建作物统计】（图7-3-10），进入对创建作物报表作物统计的界面（图7-3-11）。

数据统计

综合统计
 基本情况统计
 创建作物统计
作物统计
 基本情况统计
 创建作物统计
自定义统计
 自定义统计

| 年度: 2017 ▼ | 查询 | 导出 |

图 7-3-11   图 7-3-10

用户可以通过选择年度进行条件设置（图7-3-11），点击【查询】，即可根据所选择的年度进行查询。查询结果如图7-3-12。

创建作物统计

| 年度: 2016 ▼ | 查询 | 导出 |

序号	主要作物	年度	面积(万亩)	产量(吨)	单产(公斤/亩)	灌溉用水(万/亩)	肥料-氮(折纯,公斤/亩)	肥料-磷(折纯,公斤/亩)	肥料-钾(折纯,公斤/亩)	农药(有效成分100%,克/亩)
1	春小麦	2016	11.0	11.0	0.1	1	11	11	1	
2	早稻	2016	1.0	1.0	0.1	1	11	11	1	

图 7-3-12

系统设置了Excel导出功能，支持Excel导出。点击【导出】，设置好保存路径，保存文件。

自定义统计

为方便用户进行个性化的统计分析，系统提供自定义统计功能。该功能可实现灵活设置查询条件、过滤条件，对数据进行汇总、计数、明细查看等操作。

自定义统计操作流程

点击数据统计左边栏功能区里的【自定义统计】（图7-3-13）进入自定义统计界面（图7-3-14）。按需求选择年度、地域、任务、作物等，点击【查询】进行统计分析。

自定义统计支持多选、条件筛选等，统计方式分为汇总统计、明细统计、计数统计等。其中汇总统计指根据所选项进行后台运算的统计结果，明细统计指根据所选项详细列出全部有关数据，计数统计仅显示根据所选项全部符合要求的结果个数。

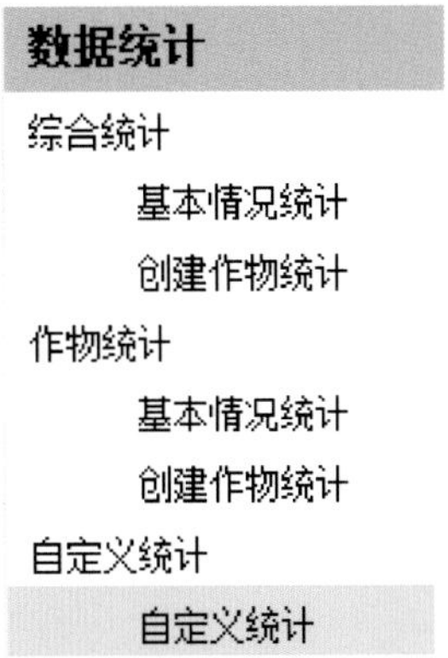

数据统计

综合统计
　　基本情况统计
　　创建作物统计
作物统计
　　基本情况统计
　　创建作物统计
自定义统计
　　自定义统计

图7-3-13

图7-3-14

7.4 信息交流

市级用户仅具有公告通知查阅权限，用于查看国家级、省级发布的有关信息。

操作流程

点击信息交流功能里的【公告通知】，进入公告通知界面（图7-4-1）。

图7-4-1

首先选择相应年份，点击【查询】（图7-4-1）。在图7-4-2界面点击【浏览】，查看公告通知内容。

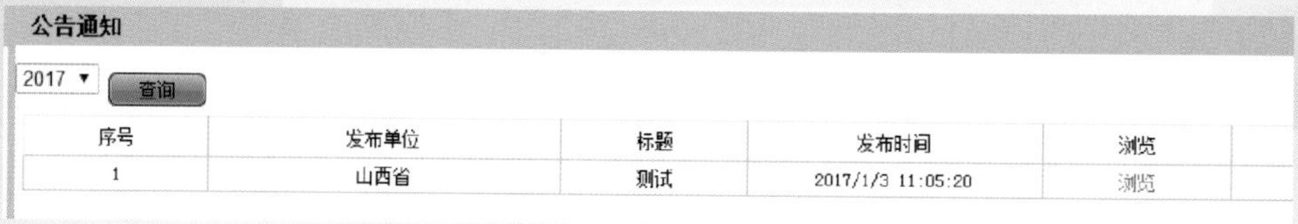

公告通知					
2017 ▼	查询				
序号	发布单位	标题	发布时间	浏览	
1	山西省	测试	2017/1/3 11:05:20	浏览	

图 7-4-2

也可在顶部功能区点击【首页】，在公告通知栏中查看已发布的信息（图7-4-3）。

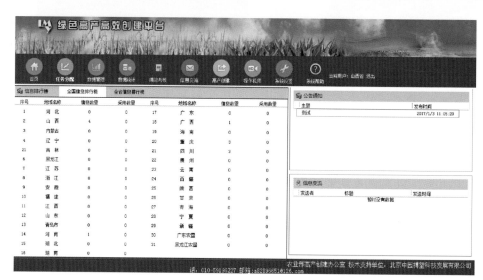

图 7-4-3

7.5　网页链接

在顶部功能区点击【网页链接】（图7-5-1），进入农业部网站粮棉油糖高产创建专栏（图7-5-2）。可浏览最新工作部署、各地典型经验交流、技术指导意见等。

图 7-5-1

图 7-5-2

7.6 操作视频

在顶部功能区点击【操作视频】，可下载并观看详细操作流程。

图 7-6-1

7.7　系统设置

在顶部功能区点击【系统设置】，可以修改当前用户名及密码，结果如图
7-7-1。

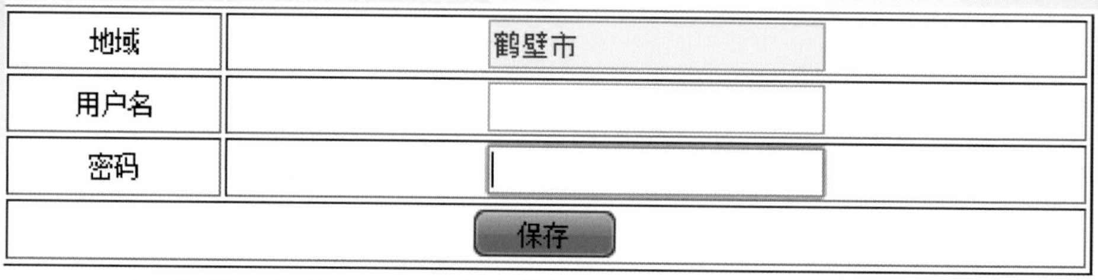

地域	鹤壁市
用户名	
密码	
	保存

图 7-7-1

7.8　系统帮助

在顶部功能区，点击【系统帮助】，即可下载绿色高产高效创建平台使用
手册（图7-8-1）。

图 7-8-1

8　县级用户

8.1　首页

信息排行榜　信息排行榜显示所属地（市）各县级单位上报的信息数量、
采用数量。

公告通知　公告通知由国家级、省级单位发布，区县级浏览。

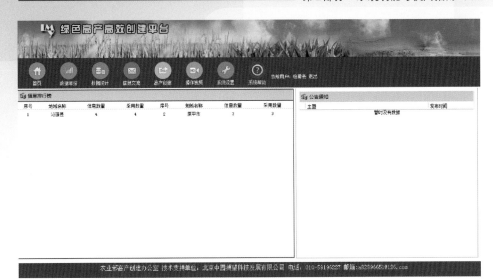

图 8-1-1

8.2　数据填报

　　分为项目县基本情况及项目县创建作物两个子栏目。项目县基本情况主要用于记录项目县历史数据，以便进行项目开展以来的纵向比较。包括执行项目当年及前3年（含未参与项目时）的全县基本情况和部分细节信息。项目县创建作物主要用于记录项目开展当年的具体创建情况，涉及创建面积、创建作物、该作物面积、用水、用药、用肥等情况，应根据实际情况认真填写。

数据管理

数据管理
项目县基本情况
项目县创建作物

图 8-2-1

　　项目县基本情况操作流程

　　点击数据管理界面左边栏功能区里的【项目县基本情况】（表8-2-1），进入基本情况任务表界面（图8-2-2）。

基本情况任务表

序号	发布单位	任务名称	任务年度	状态	上报	填报	删除
1	山西省	临猗县绿色高产高效创建县	2016	未填写		填报	
2	山西省	临猗县绿色高产高效创建县	2015	未填写		填报	
3	山西省	临猗县绿色高产高效创建县	2014	未填写		填报	
4	山西省	临猗县绿色高产高效创建县	2013	未填写		填报	

图 8-2-2

　　点击图8-2-2中的【填报】，打开界面（图8-2-3）。选择全县当年创建作物，然后点击【下一步】，进入到项目县基本情况填报界面（图8-2-4）。

选择作物

作物类别	作物分类
小麦	☑春小麦 ☐冬小麦
玉米	☐春玉米 ☐夏玉米
水稻	☐单季稻 ☐早稻 ☐晚稻
大豆	☐大豆
马铃薯	☑马铃薯
油菜	☐油菜
花生	☐花生
棉花	☐棉花
甘蔗	☐甘蔗
小宗粮油	☐谷子 ☐高粱 ☐荞麦 ☐糜子 ☐燕麦 ☐绿豆 ☐小豆 ☐芸豆 ☐蚕豆 ☐豌豆 ☐大麦 ☐青稞 ☐薏苡 ☐甘薯 ☐鹰嘴豆 ☐芝麻 ☐胡麻 ☐向日葵
	下一步

图 8-2-3

认真填写相关数据、信息后点击【保存】。完成信息录入。

注：县级用户需要填写创建当年及前3年的各个表格，即使部分年度未参与绿色高产高效创建。

项　目	当前主要作物	
全县耕地面积（万亩）		
粮食（含大豆）面积（万亩）		
棉花面积（万亩）		
油料面积（万亩）		
糖料面积（万亩）		
县级联系人姓名		
联系方式		
主要作物	春小麦	马铃薯
面积（万亩）		
产量（吨）		
单产（公斤/亩）		
灌溉用水（方/亩）		
肥料-氮（折纯，公斤/亩）		
肥料-磷（折纯，公斤/亩）		
肥料-钾（折纯，公斤/亩）		
农药（有效成分100%，克/亩）		
种子（公斤/亩）		
病虫害统防统治率（%）		
综合机械化率（%）		
亩总成本（元）		
其中：物质与服务费用（元/亩）		
人工成本（元/亩）		
亩纯收益（元）		
	保存　返回	

图 8-2-4

项目县基本情况上报：数据保存后，回到基本情况任务表界面，状态为【已填写】，如图8-2-5。

序号	发布单位	任务名称	任务年度	状态	上报	填报	删除
1	山西省	临猗县绿色高产高效创建县	2016	已填写	上报	填报	删除
2	山西省	临猗县绿色高产高效创建县	2015	未填写		填报	
3	山西省	临猗县绿色高产高效创建县	2014	未填写		填报	
4	山西省	临猗县绿色高产高效创建县	2013	未填写		填报	

图8-2-5

此时用户可以点击该任务报表右侧的【填报】，重新打开数据报表，修改数据并再次保存。如果用户已经确认所填写的数据无误，点击任务报表内的【上报】，即可完成数据填写上报的整个流程。

注：上报后，该条数据不可修改，若发现问题，可与上一级农业主管部门联系，申请将数据发回重报。

填写状态包括：

➢【未填写】：还未填写项目县基本情况报表数据。

➢【已填写】：填写并保存了项目县基本情况报表数据，但未上报。

➢【已上报】：已经将项目县基本情况报表数据上报，上一级用户可进行审核浏览。

➢【未通过】：项目县基本情况报表数据有误，需要进行修改后再上报。

项目县创建作物操作流程

点击数据管理左边栏功能区里的【项目县创建作物】(图8-2-6)，进入创建作物任务表界面（图8-2-7）。

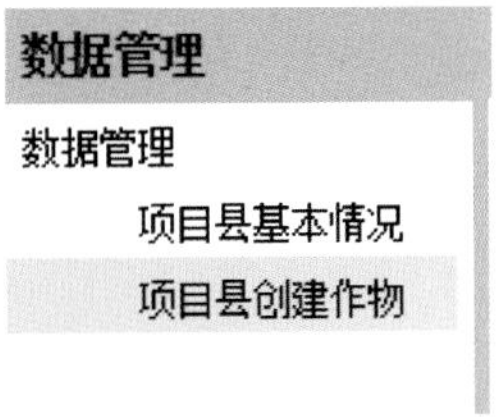

点击图8-2-7中的【填报】，进入到创建作物填报界面（图8-2-8）。根据实际，认真填写相关数据后点击【保存】完成信息录入。其中总创建面积指全县参与创建的全部田块面积。面积、产量等为该作物创建的面积、产量等。

数据管理

数据管理
　项目县基本情况
　项目县创建作物

图8-2-6

序号	发布单位	任务名称	任务年度	状态	上报	填报	删除
1	山西省	临猗县绿色高产高效创建县	2016	未填写		填报	

创建作物任务表

图8-2-7

项 目	创建作物	
总创建面积(万亩)		
创建作物	春小麦	早稻
面积(万亩)		
产量(吨)		
单产(公斤/亩)		
灌溉用水(方/亩)		
肥料-氮(折纯,公斤/亩)		
肥料-磷(折纯,公斤/亩)		
肥料-钾(折纯,公斤/亩)		
农药(有效成分100%,克/亩)		
种子(公斤/亩)		
病虫害统防统治率(%)		
综合机械化率(%)		
亩总成本(元)		
其中：物质与服务费用(元/亩)		
人工成本(元/亩)		
亩纯收益(元)		
县级联系人姓名		
联系方式		

保存　返回

图 8-2-8

项目县创建作物报表上报：数据保存后，报表任务状态为【已填写】，如图 8-2-9。

创建作物任务表

序号	发布单位	任务名称	任务年度	状态	上报	填报	删除
1	山西省	临猗县绿色高产高效创建县	2016	已填写	上报	填报	删除

图 8-2-9

此时用户可以点击创建作物任务表（图 8-2-9）右侧的【填报】，重新打开数据报表，修改数据并再次保存。如果用户已经确认所填写的数据无误，点击任务表内的【上报】，即可完成数据填写上报的整个流程。

注：上报后，该条数据不可修改，若发现问题，可与上一级农业主管部门联系，申请将数据发回重报。

填报状态包括：

➤【未填写】：还未填写创建作物任务表数据。

➤【已填写】：填写并保存了创建作物任务表数据，但未上报。

➤【已上报】：已经将创建作物任务表数据上报，上一级用户可进行审核浏览。

➤【未通过】：创建作物任务表数据有误，需要进行修改后再上报。

8.3 数据统计

用于汇总分析项目数据。包括综合统计、作物统计和自定义统计。

综合统计

通过系统后台运算，以项目县为主体，统计形成粮、棉、油、糖总面积，以及其他部分信息。包括对基本情况报表和创建作物报表进行的统合统计。

基本情况统计操作流程

点击数据统计界面左边栏功能区综合统计下的【基本情况统计】（图8-3-1），进入对基本情况报表综合统计的界面（图8-3-2）。

用户可以通过选择年度、地域、作物类型、作物等进行条件设置（图8-3-2），点击【查询】，即可根据所选择的条件进行查询，查询结果如图8-3-3。

该表格支持Excel导出功能，点击【导出】，设置好保存路径，保存文件。

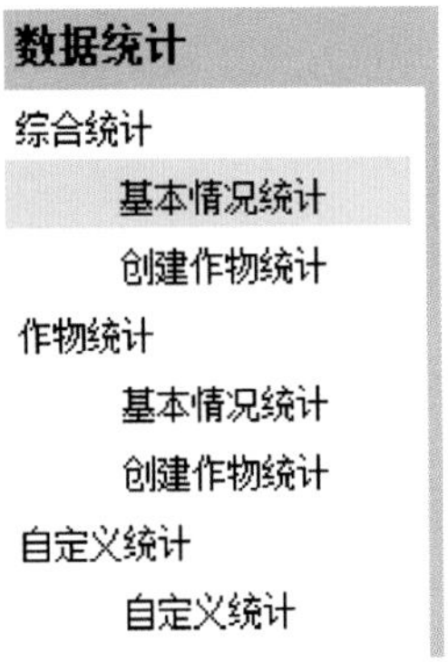

数据统计

综合统计
　基本情况统计
　创建作物统计
作物统计
　基本情况统计
　创建作物统计
自定义统计
　自定义统计

图 8-3-1

| 年度：全部 ▼ | 地域：滑县 ▼ | 作物类型：全部 ▼ | 作物：全部 ▼ | 查询 | 导出 |

图 8-3-2

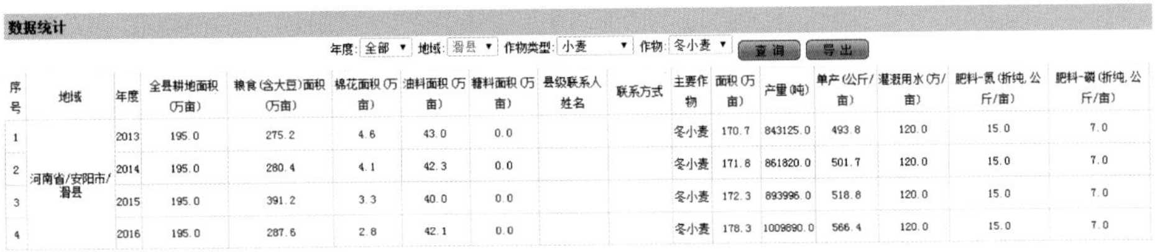

数据统计

年度：全部 ▼ 地域：滑县 ▼ 作物类型：小麦 ▼ 作物：冬小麦 ▼ 查询 导出

序号	地域	年度	全县耕地面积（万亩）	粮食（含大豆）面积（万亩）	棉花面积（万亩）	油料面积（万亩）	糖料面积（万亩）	县级联系人姓名	联系方式	主要作物	面积（万亩）	产量（吨）	单产（公斤/亩）	灌溉用水（万方/亩）	肥料-氮（折纯,公斤/亩）	肥料-磷（折纯,公斤/亩）
1		2013	195.0	275.2	4.6	43.0	0.0			冬小麦	170.7	843125.0	493.8	120.0	15.0	7.0
2	河南省/安阳市/滑县	2014	195.0	280.4	4.1	42.3	0.0			冬小麦	171.8	861820.0	501.7	120.0	15.0	7.0
3		2015	195.0	391.2	3.3	40.0	0.0			冬小麦	172.3	893996.0	518.8	120.0	15.0	7.0
4		2016	195.0	287.6	2.8	42.1	0.0			冬小麦	178.3	1009890.0	566.4	120.0	15.0	7.0

图 8-3-3

创建作物统计操作流程

点击数据统计界面左边栏功能区综合统计下的【创建作物统计】（图8-3-4）进入对创建作物报表综合统计的界面（图8-3-5）。

用户可以通过选择年度、地域、作物类型、作物等条件进行设置（图8-3-5），点击【查询】，即可根据所选择的条件进入查询界面。查询结果如图8-3-6。

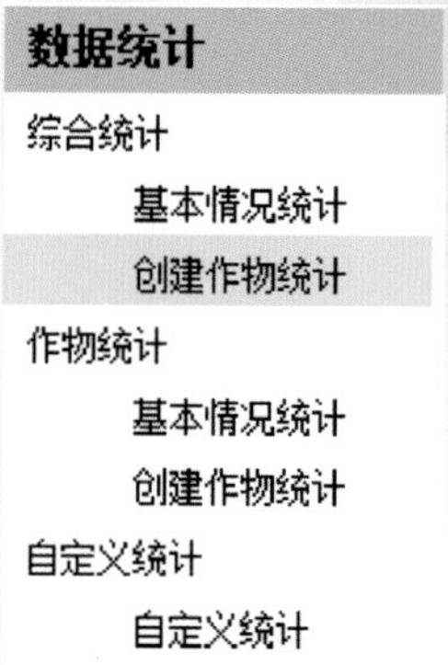
数据统计
综合统计
基本情况统计
创建作物统计
作物统计
基本情况统计
创建作物统计
自定义统计
自定义统计

图8-3-4

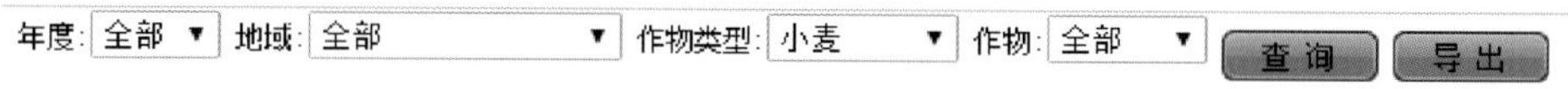
年度: 全部
地域: 全部
作物类型: 小麦
作物: 全部
查 询
导 出

图8-3-5

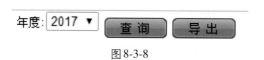

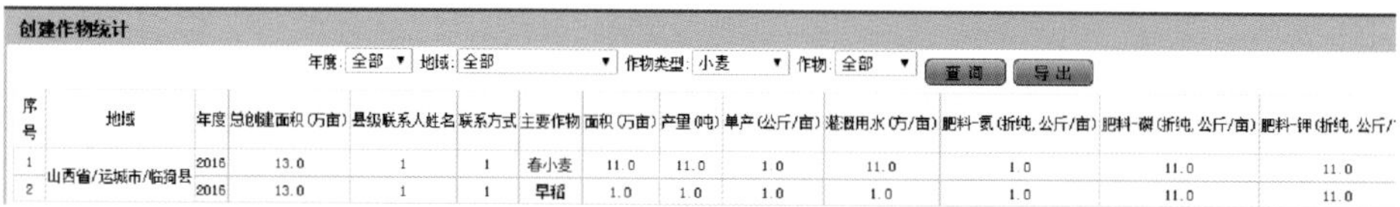
创建作物统计
年度: 全部
地域: 全部
作物类型: 小麦
作物: 全部
查 询
导 出

序号	地域	年度	总创建面积（万亩）	县级联系人姓名	联系方式	主要作物	面积（万亩）	产量（吨）	单产（公斤/亩）	灌溉用水（方/亩）	肥料-氮（折纯，公斤/亩）	肥料-磷（折纯，公斤/亩）	肥料-钾（折纯，公斤/
1	山西省/运城市/临猗县	2016	13.0	1	1	春小麦	11.0	11.0	1.0	11.0	1.0	11.0	11.0
2		2016	13.0	1	1	早稻	1.0	1.0	1.0	1.0	1.0	11.0	11.0

图8-3-6

系统设置了Excel导出功能，支持Excel导出，点击【导出】，设置好保存路径，保存文件。

作物统计

通过系统后台运算，以具体作物为主体，展示全辖区不同年度面积、总产、单产等，以及其他部分信息。包括对基本情况报表和创建作物报表进行的作物统计。

基本情况统计操作流程

点击数据统计界面左边栏功能区作物统计下的【基本情况统计】（图8-3-7）进入对基本情况报表作物统计的界面（图8-3-8）。

年度: 2017
查 询
导 出

图8-3-8

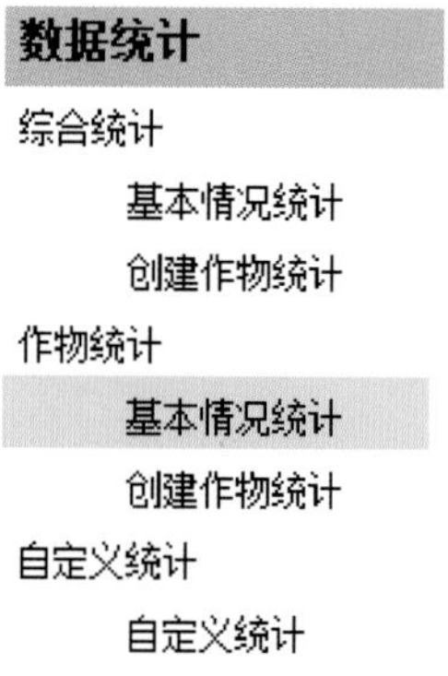
数据统计
综合统计
基本情况统计
创建作物统计
作物统计
基本情况统计
创建作物统计
自定义统计
自定义统计

图8-3-7

用户可以通过选择年度进行条件设置（图8-3-8），点击【查询】，即可根据所选择的年度进行查询，查询结果如图8-3-9。

基本情况统计									
				年度: 2017 ▼　查询　导出					
序号	主要作物	年度	面积(万亩)	产量(吨)	单产(公斤/亩)	灌溉用水(万方/亩)	肥料-氮(折纯,公斤/亩)	肥料-磷(折纯,公斤/亩)	肥料-评(折纯,公斤/亩)	农药(有效成分100%,克/亩)
1	春小麦	2016	1.0	1.0	0.1	1	1	1	1	1
2	马铃薯	2016	1.0	1.0	0.1	1	1	1	1	1

图 8-3-9

系统设置了Excel导出功能，支持Excel导出。点击【导出】，设置好保存路径，保存文件。

创建作物统计操作流程

点击数据统计界面左边栏功能区作物统计下的【创建作物统计】（图8-3-10），进入对创建作物报表作物统计的界面（图8-3-11）。

用户可以通过选择年度进行条件设置（图8-3-11），点击【查询】，即可根据所选择的年度进行查询，查询结果如图8-3-12。

图 8-3-11

数据统计

综合统计
　　基本情况统计
　　创建作物统计
作物统计
　　基本情况统计
　　创建作物统计
自定义统计

图 8-3-10

创建作物统计									
				年度: 2016 ▼　查询　导出					
序号	主要作物	年度	面积(万亩)	产量(吨)	单产(公斤/亩)	灌溉用水(万方/亩)	肥料-氮(折纯,公斤/亩)	肥料-磷(折纯,公斤/亩)	肥料-评(折纯,公斤/亩)	农药(有效成分100%,克/亩)
1	春小麦	2016	11.0	11.0	0.1	11	1	11	11	1
2	早稻	2016	1.0	1.0	0.1	1	1	11	11	1

图 8-3-12

系统设置了Excel导出功能，支持Excel导出，点击【导出】，设置好保存路径，保存文件。

自定义统计

为方便用户进行个性化的统计分析，系统提供自定义统计功能。该功能可实现灵活设置查询条件、过滤条件，对数据进行汇总、计数、明细查看等操作。

自定义统计操作流程

点击数据统计界面左边栏功能区的【自定义统计】（图8-3-13）进入自定义统计界面（图8-3-14）。按需求选择年度、地域、任务、作物等，点击【查询】进行统计分析。

数据统计

综合统计
　　基本情况统计
　　创建作物统计
作物统计
　　基本情况统计
　　创建作物统计
自定义统计
　　自定义统计

图 8-3-13

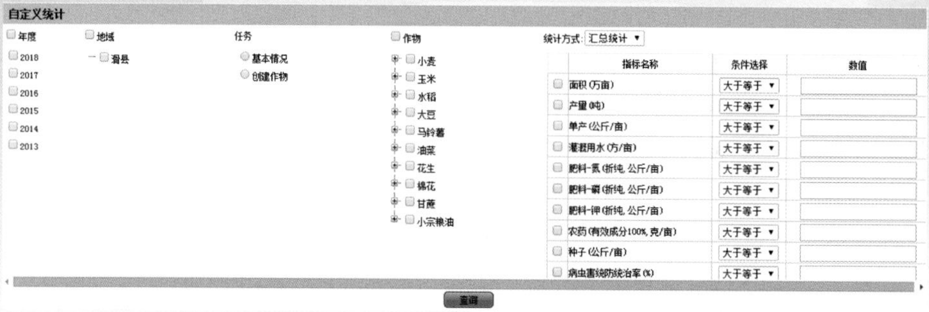

自定义统计

				统计方式	汇总统计 ▼	
□ 年度	□ 地域	□ 任务	□ 作物			

图 8-3-14

自定义统计支持多选、条件筛选等，统计方式分为汇总统计、明细统计、计数统计等。其中汇总统计指根据所选项进行后台运算的统计结果，明细统计指根据所选项详细列出全部有关数据，计数统计仅显示根据所选项全部符合要求的结果个数。

8.4 信息交流

信息交流界面包括信息交流和总结报告两大功能区。

信息交流功能：

公告通知：用于查看国家级、省级发布的公告通知。

典型材料上报：编辑典型材料报送至上级用户。

总结报告功能：包括编辑、提交、查看半年总结、全年总结等。

信息交流

公告通知操作流程

点击信息交流界面里的【公告通知】，进入公告通知界面（图8-4-1）。

图 8-4-1

首先选择年份，点击【查询】（图8-4-1），进入图8-4-2界面。根据标题点击【浏览】，查看具体内容。

图 8-4-2

也可点击界面顶部的【首页】，即可回到平台首页，查看近期部、省发布的信息（图8-4-3）。

图 8-4-3

典型材料上报操作流程

点击信息交流界面左边栏的【典型材料上报】（图8-4-4），进入典型上报操作界面（图8-4-5）。

点击【新增】（图8-4-5），打开界面图8-4-6。依次输入各个数据项后点击【保存】，完成典型材料填写上传，进入图8-4-7界面。

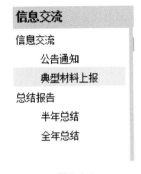

图 8-4-4

图 8-4-5

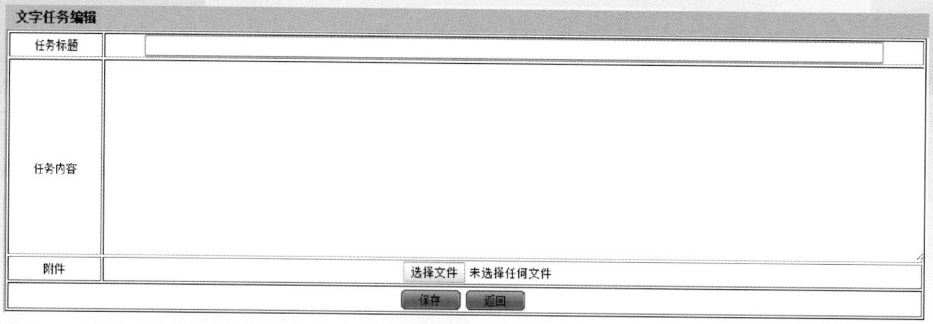

文字任务编辑

任务标题	
任务内容	
附件	选择文件 未选择任何文件

保存　　返回

图 8-4-6

点击【详情】(图 8-4-7),即可查看编辑的信息。

点击【上报】(图 8-4-7),即可将此信息上报至上级用户。

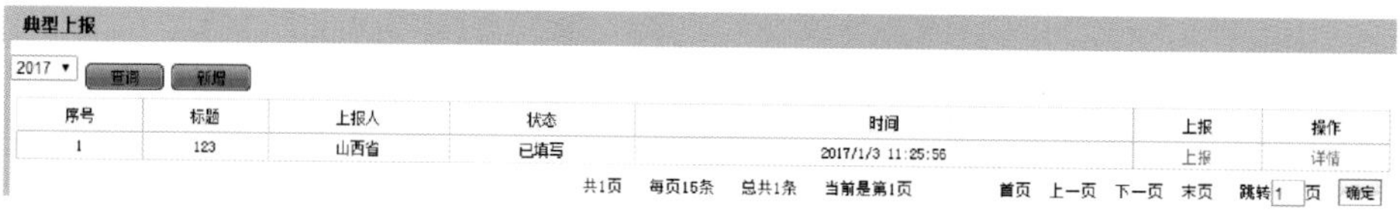

典型上报

2017 ▼　查询　新增

序号	标题	上报人	状态	时间	上报	操作
1	123	山西省	已填写	2017/1/3 11:25:56	上报	详情

共1页　每页16条　共共1条　当前是第1页　　　首页 上一页 下一页 末页　跳转 1 页 确定

图 8-4-7

总结报告

半年总结操作流程

点击信息交流界面左边栏总结报告功能里的【半年总结】(图 8-4-8),进入半年总结界面(图 8-4-9)。

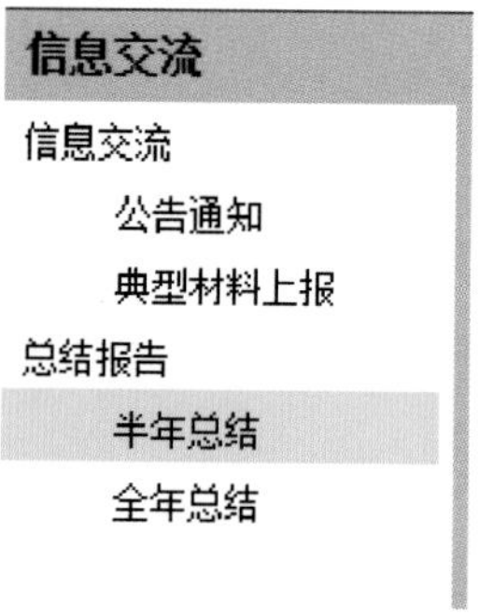

半年总结

2017 ▼　查询　新增

图 8-4-9

信息交流

信息交流
　　公告通知
　　典型材料上报
总结报告
　　半年总结
　　全年总结

图 8-4-8

首先选择相应年份,再点击【新增】(图 8-4-10),进入图 8-4-10 界面,依次输入各个数据项后点击【保存】,完成总结材料编写上传。

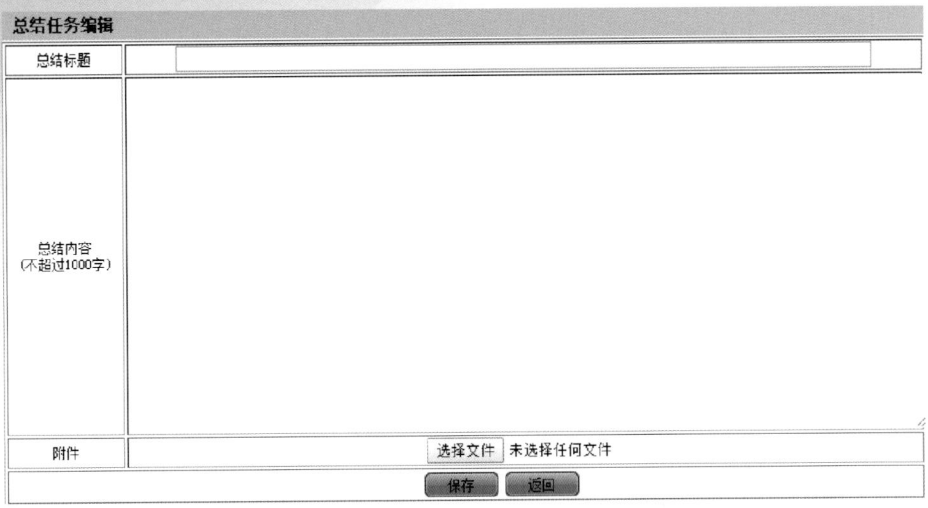

总结任务编辑	
总结标题	
总结内容 (不超过1000字)	
附件	选择文件 未选择任何文件
	保存　返回

图 8-4-10

半年总结上报：在半年总结界面（图8-4-11），点击【详情】，即可查看编辑的信息。点击【上报】，即可将此信息报送至上级用户。

图 8-4-11

全年总结操作流程

点击信息交流界面总结报告功能里的【全年总结】（图8-4-12），进入全年总结界面（图8-4-13）。

选择相应年份，再点击【新增】（图8-4-13），进入总结编辑界面（图8-4-14）。依次输入各个数据项后点击【保存】完成全年总结的编写上传。

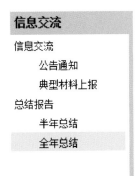

图 8-4-12

图 8-4-13

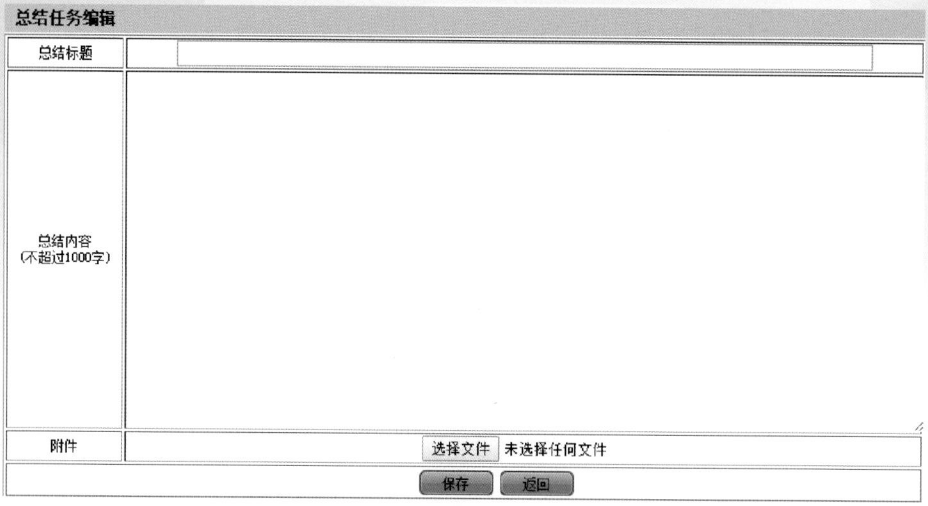

总结任务编辑	
总结标题	
总结内容 (不超过1000字)	
附件	选择文件　未选择任何文件

保存　返回

图 8-4-14

全年总结上报：保存后回到全年总结界面（图8-4-15），点击【详情】，即可查看编辑的信息。点击【上报】，即可将此信息报送至上级用户。

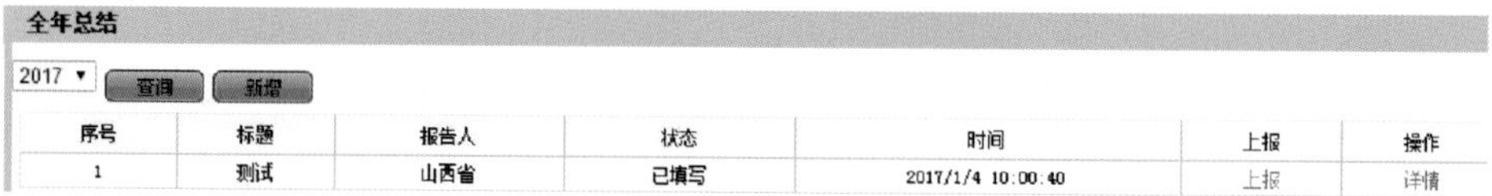

全年总结						
2017 ▼　查询　新增						
序号	标题	报告人	状态	时间	上报	操作
1	测试	山西省	已填写	2017/1/4 10:00:40	上报	详情

图 8-4-15

8.5　网页链接

在顶部功能区点击【网页链接】（图8-5-1），进入农业部网站粮棉油糖高产创建专栏（图8-5-2）。可浏览最新工作部署、各地典型经验交流、技术指导意见等。

图 8-5-1

图 8-5-2

8.6　操作视频

在顶部功能区，点击【操作视频】，可下载并观看详细操作流程视频。

图 8-6-1

8.7 系统设置

在顶部功能区点击【系统设置】可以修改当前用户名及密码，完成后点击【保存】，如图8-7-1。

图 8-7-1

8.8 系统帮助

在顶部功能区点击【系统帮助】，即可下载绿色高产高效创建平台使用手册（图8-8-1）。

图 8-8-1

第3部分
附　录

9 首次登录前设置

建议浏览器：IE（Internet Explorer）。如图9-1所示。

IE浏览器设置：

如果您的IE浏览器为高版本的IE8.0，需要设置兼容性视图才可更好地浏览本系统。打开IE浏览器的工具菜单直接点击兼容性视图即可。如图9-2所示。

图9-1

图9-2

10 技术支持与相关信息

技术支持单位：北京中园搏望科技发展有限公司

技术支持电话：010-59199955/8855/8866/8877

直拨电话：010-59196227

邮箱：a82896651@126.com

图书在版编目（CIP）数据

绿色高产高效创建平台数据库开发与应用手册/农业部种植业管理司，全国农业技术推广服务中心编著. —北京：中国农业出版社，2017.9
ISBN 978-7-109-22886-3

Ⅰ．①绿…　Ⅱ．①农…②全…　Ⅲ．①农业科学—关系数据库系统—手册　Ⅳ．①S-3②TP311.138-62

中国版本图书馆CIP数据核字（2017）第092165号

中国农业出版社出版
（北京市朝阳区麦子店街18号楼）
（邮政编码 100125）
责任编辑　张洪光　阎莎莎

中国农业出版社印刷厂印刷　新华书店北京发行所发行
2017年9月第1版　2017年9月北京第1次印刷

开本：700mm×1000mm　1/16　印张：5
字数：86千字
定价：48.00元
（凡本版图书出现印刷、装订错误，请向出版社发行部调换）